utb 4291

AF705085

Eine Arbeitsgemeinschaft der Verlage

Brill | Schöningh – Fink · Paderborn
Brill | Vandenhoeck & Ruprecht · Göttingen – Böhlau · Wien · Köln
Verlag Barbara Budrich · Opladen · Toronto
facultas · Wien
Haupt Verlag · Bern
Verlag Julius Klinkhardt · Bad Heilbrunn
Mohr Siebeck · Tübingen
Narr Francke Attempto Verlag – expert verlag · Tübingen
Psychiatrie Verlag · Köln
Ernst Reinhardt Verlag · München
transcript Verlag · Bielefeld
Verlag Eugen Ulmer · Stuttgart
UVK Verlag · München
Waxmann · Münster · New York
wbv Publikation · Bielefeld
Wochenschau Verlag · Frankfurt am Main

Dr. Ingolf Terveer ist Akademischer Oberrat am Institut für Wirtschaftsinformatik der Westfälischen Wilhelms-Universität Münster.

Ingolf Terveer

Formeln für Mathematik und Statistik

Wirtschaftswissenschaften

4., überarbeitete und erweiterte Auflage

UVK Verlag · München

Umschlagabbildung: © Hermann Littich · iStock
Autorenbild: © privat

Bibliografische Information der Deutschen Nationalbibliothek
Die Deutsche Nationalbibliothek verzeichnet diese Publikation in der Deutschen Nationalbibliografie; detaillierte bibliografische Daten sind im Internet über http://dnb.dnb.de abrufbar.

4., überarbeitete und erweiterte Auflage 2023
3., überarbeitete und erweiterte Auflage 2019
2., überarbeitete Auflage 2017
1. Auflage 2015

DOI: https://doi.org/10.36198/9783838559551

© UVK Verlag 2023
– ein Unternehmen der Narr Francke Attempto Verlag GmbH + Co. KG
Dischingerweg 5 · D-72070 Tübingen

Das Werk einschließlich aller seiner Teile ist urheberrechtlich geschützt. Jede Verwertung außerhalb der engen Grenzen des Urheberrechtsgesetzes ist ohne Zustimmung des Verlages unzulässig und strafbar. Das gilt insbesondere für Vervielfältigungen, Übersetzungen, Mikroverfilmungen und die Einspeicherung und Verarbeitung in elektronischen Systemen.

Alle Informationen in diesem Buch wurden mit großer Sorgfalt erstellt. Fehler können dennoch nicht völlig ausgeschlossen werden. Weder Verlag noch Autor:innen oder Herausgeber:innen übernehmen deshalb eine Gewährleistung für die Korrektheit des Inhaltes und haften nicht für fehlerhafte Angaben und deren Folgen. Diese Publikation enthält gegebenenfalls Links zu externen Inhalten Dritter, auf die weder Verlag noch Autor:innen oder Herausgeber:innen Einfluss haben. Für die Inhalte der verlinkten Seiten sind stets die jeweiligen Anbieter oder Betreibenden der Seiten verantwortlich.

Internet: www.narr.de
eMail: info@narr.de

Einbandgestaltung: siegel konzeption | gestaltung
CPI books GmbH, Leck

utb-Nr. 4291
ISBN 978-3-8252-5955-6 (Print)
ISBN 978-3-8385-5955-1 (ePDF)

MIX
Papier aus verantwortungsvollen Quellen
FSC
www.fsc.org
FSC® C083411

Inhalt

1 Grundlegende Begriffe

1.1 Mengen und Zahlbereiche

Reelle Zahlen sind Definitionsbereich ökonomischer Größen (Preis, Absatz, Produktionsmenge, Gewinn, Kosten,...). Vielfach beschränkt man sich auf positive reelle Zahlen oder ein Teilintervall der positiven reellen Zahlen (den **ökonomischen Definitionsbereich**).

Reelle Zahlen Die grundlegende Zahlenmengen sind $\mathbb{N} \subset \mathbb{N}_0 \subset \mathbb{Z} \subset \mathbb{Q} \subset \mathbb{R}$:

Name	Symbol	Beschreibung
Natürliche Zahlen	$\mathbb{N}$	$\{1, 2, 3, \dots\}$
	$\mathbb{N}_0$	$\{0, 1, 2, 3, \dots\}$
Ganze Zahlen	$\mathbb{Z}$	$\{\dots, -2, -1, 0, 1, 2, \dots\}$
Rationale Zahlen	$\mathbb{Q}$	$\{x : x = \frac{p}{q}, p \in \mathbb{Z}, q \in \mathbb{N}\}$
Reelle Zahlen	$\mathbb{R}$	

Dezimaldarstellung Jede Zahl $x \in \mathbb{R}$ hat eindeutige Darstellung als Dezimalzahl

$$x = \pm \sum_{k=-n}^{\infty} a_k 10^{-k} \tag{1.1}$$

mit den **Stellen** $a_k \in \{0, \dots, 9\}$, wobei[1] $\forall n \in \mathbb{N} \exists k \geq n$ mit $a_k \neq 9$.

- **Ganzzahlteil** $[x] = \pm \sum_{k=-n}^{0} a_k 10^{-k}$
- $x \in \mathbb{Q}$ g.d.w. $\exists n_0, d \in \mathbb{N}$ mit $a_k = a_{k+d}$ $\forall k \geq n_0$ (**periodische Dezimalzahl**).
- $x \in \mathbb{R}$ heißt **abbrechende Dezimalzahl** g.d.w. $\exists m \in \mathbb{N}$ mit $a_k = 0$ $\forall k > m$.
- Eine Zahl $x \in \mathbb{R} \setminus \mathbb{Q}$ heißt **irrational**.

Anordnungseigenschaft von $\mathbb{R}$ Für $x, y \in \mathbb{R}$ gilt entweder $x < y$ oder $x = y$ oder $y < x$ (bzw. $x > y$). $x \leq y$ (bzw. $y \geq x$) bedeutet, dass entweder $x = y$ oder $x < y$ gilt.

Intervalle [2,3,4]

abgeschlossen			offen		
$[a; b]$	$:=$	$\{x \in \mathbb{R} : a \leq x \leq b\}$	$]a; b[$	$:=$	$\{x \in \mathbb{R} : a < x < b\}$
$[a; \infty]$	$:=$	$\{x \in \mathbb{R} : a \leq x < \infty\}$	$]a; \infty[$	$:=$	$\{x \in \mathbb{R} : a < x < \infty\}$
$[-\infty; b]$	$:=$	$\{x \in \mathbb{R} : -\infty < x \leq b\}$	$]-\infty; b[$	$:=$	$\{x \in \mathbb{R} : -\infty < x < b\}$

$$]-\infty; \infty[:= \mathbb{R}$$

0 (Null) zerlegt $\mathbb{R}$ in die Bereiche $[0; \infty[$ bzw. $]-\infty; 0]$ der **positiven** bzw. der **negativen** reellen Zahlen[5].

[1] d.h. Darstellungen, bei denen fast alle Ziffern 9 sind, werden ausgeschlossen. [2] Dabei sind $a, b \in \mathbb{R}$, $a \leq b$ [3] In der Intervallschreibweise wird das Semikolon oft durch Komma o.ä. ersetzt. [4] Sinngemäß sind halboffene/-abgeschlossene Intervalle $[a; b[$, $]a; b]$ erklärt. [5] Bei $]0; \infty[$, den **strikt positiven**, bzw. $]-\infty; 0[$, den **strikt negativen** reellen Zahlen wird Null ausgeschlossen.

Maximum und Minimum einer Menge $\mathbb{M}$ eine Menge reeller Zahlen

- $\max(\mathbb{M}) := x$, falls $x \in \mathbb{M}$ und $\forall y \in \mathbb{M} : x \geq y$ gilt [6,7]. (1.2)
- $\min(\mathbb{M}) := x$, falls $x \in \mathbb{M}$ und $\forall y \in \mathbb{M} : x \leq y$ gilt[8]. (1.3)
- $\sup(\mathbb{M}) := x$, falls x minimal ist mit der Eigenschaft $\forall y \in \mathbb{M} : x \geq y$. (1.4)
- $\inf(\mathbb{M}) := x$, falls x maximal ist mit der Eigenschaft $\forall y \in \mathbb{M} : x \leq y$. (1.5)

1.2 Mengenoperationen und -relationen

Es seien A, B Mengen reeller Zahlen[9].

- **Vereinigungsmenge**[10]: $A \cup B := \{x \in \mathbb{R} : x \in A$ oder $x \in B\}$ (1.6)
- **Schnittmenge**[11]: $A \cap B := \{x \in \mathbb{R} : x \in A$ und $x \in B\}$ (1.7)
  A, B heißen **disjunkt**, wenn $A \cap B = \emptyset$.
  Mengen $A_1, \ldots, A_n$ heißen **paarweise disjunkt** wenn $A_i \cap A_j = \emptyset \forall i \neq j$.
- **Komplement**[12,13]: $A^c := \{x \in \mathbb{R} : x \notin A\}$. (1.8)
- **relatives Komplement**: $A \setminus B := A \cap B^c$ (1.9)
- **symmetrische Differenz**: $A \Delta B = (A \setminus B) \cup (B \setminus A)$ (1.10)
- **Teilmenge**: $A \subseteq B$ g.d.w. $\forall x : x \in A \Rightarrow x \in B$.

  echte Teilmenge: $A \subset B$ ($A \subsetneq B$) g.d.w. $A \subseteq B$ und $A \neq B$.

Besondere Teilmengen von $\mathbb{R}$: $\mathbb{R}$ und und die **leere Menge** $\emptyset \mathbb{R}^c$ (enthält kein Element).

Mengenkalkül für $A, B, C \subseteq \mathbb{R}$:

Kommutativgesetze

$A \cup B = B \cup A$ (1.11) $A \cap B = B \cap A$ (1.12)

Assoziativgesetze

$A \cup (B \cup C) = (A \cup B) \cup C$ (1.13) $A \cap (B \cap C) = (A \cap B) \cap C$ (1.14)

Distributivgesetze

$A \cup (B \cap C) = (A \cup B) \cap (A \cup C)$ (1.15) $A \cap (B \cup C) = (A \cap B) \cup (A \cap C)$ (1.16)

Gesetze von de Morgan

$(A \cup B)^c = A^c \cap B^c$ (1.17) $(A \cap B)^c = A^c \cup B^c$ (1.18)

1.3 Ebene Geometrie

Rechte Winkel ($90°$) sind mit ∟ , der Flächeninhalt ist jeweils mit A, der Umfang ist mit U bezeichnet.

[6] Für endliches $\mathbb{M} = \{a_1, \ldots, a_n\}$ schreibt man auch $\max(a_1, \ldots, a_n)$ bzw. $a_1 \vee \cdots \vee a_n$ [7] Während bei der Mengenschreibweise üblicherweise jedes Element genau einmal aufgezählt wird, sind bei der funktionalen Schreibweise auch Übereinstimmungen der Elemente $a_1, \ldots, a_n$ möglich (sog. Bindungen). [8] Für endliches $\mathbb{M} = \{a_1, \ldots, a_n\}$ schreibt man auch $\min(a_1, \ldots, a_n)$ bzw. $a_1 \wedge \cdots \wedge a_n$ [9] Definitionen und Regeln lassen sich wortwörtlich auf Teilmengen von $\mathbb{R}^n$ bzw. $\mathbb{R}^m$ oder auf Teilmengen beliebiger anderer Mengen M übertragen. [10] lies: „A vereinigt (mit) B" [11] lies: „A geschnitten (mit) B" [12] lies: „A Komplement" [13] Statt A^c schreibt man auch $\overline{A}$.

Dreieck

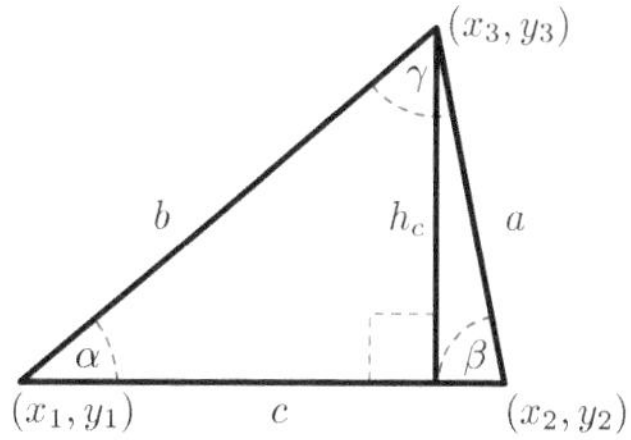

$$\alpha + \beta + \gamma = 180^\circ \tag{1.19}$$

$$A = \frac{1}{2} \cdot c \cdot h_c \tag{1.20}$$

$$A = \sqrt{s(s-a)(s-b)(s-c)} \tag{1.21}$$

mit $s = \frac{a+b+c}{2}$

$$A = \left| \frac{1}{2} \sum_{i=1}^{3} x_i (y_{i+1} - y_{i-1}) \right| \tag{1.22}$$

mit $y_0 = y_3, y_4 = y_1$

$$c^2 = a^2 + b^2 - 2ab\cos(\gamma) \tag{1.23}$$

Strahlensätze

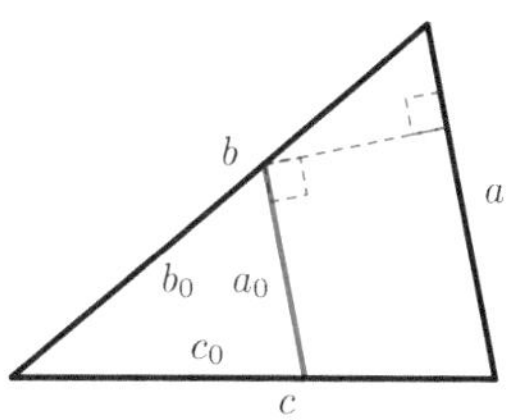

$$\frac{a}{a_0} = \frac{b}{b_0} = \frac{c}{c_0} \tag{1.24}$$

rechtwinkliges Dreieck

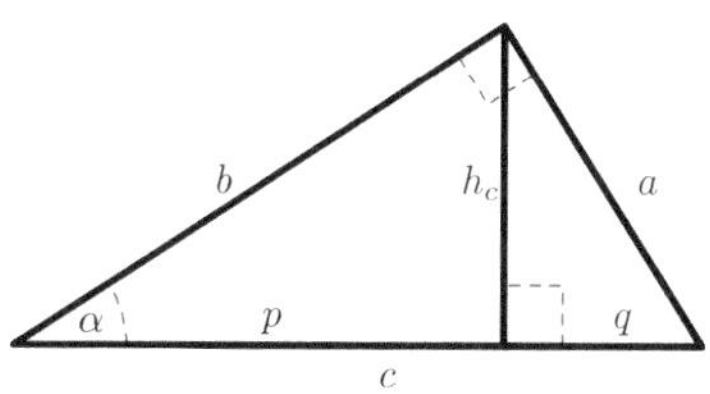

$$c^2 = a^2 + b^2 \tag{1.25}$$

$$b^2 = pc, a^2 = qc,\ h_c^2 = pq \tag{1.26}$$

$$\sin(\alpha) = \frac{a}{c}, \cos(\alpha) = \frac{b}{c} \tag{1.27}$$

$$\tan(\alpha) = \frac{a}{b} \tag{1.28}$$

gleichseitiges Dreieck

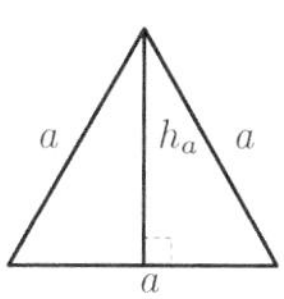

$$U = 3a \tag{1.29}$$

$$h_a = \frac{\sqrt{3}}{2}a \tag{1.30}$$

$$A = \frac{\sqrt{3}}{4}a^2 \tag{1.31}$$

Rechteck

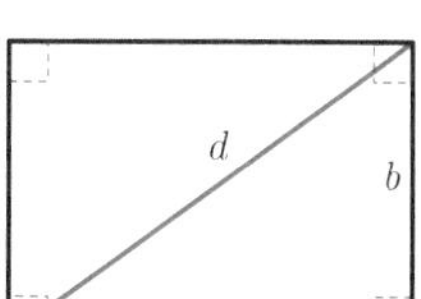

$$A = ab \tag{1.32}$$

Umfang: $U = 2a + 2b$ (1.33)

$$d = \sqrt{a^2 + b^2} \tag{1.34}$$

Parallelogramm

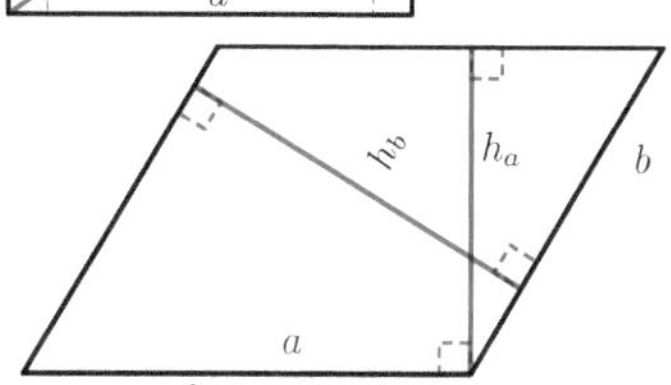

$$A = a \cdot h_a = b \cdot h_b \tag{1.35}$$

Trapez

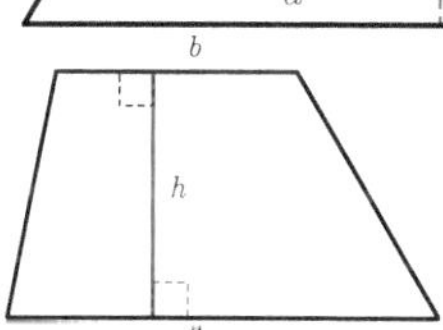

$$A = \frac{a+b}{2} \cdot h \tag{1.36}$$

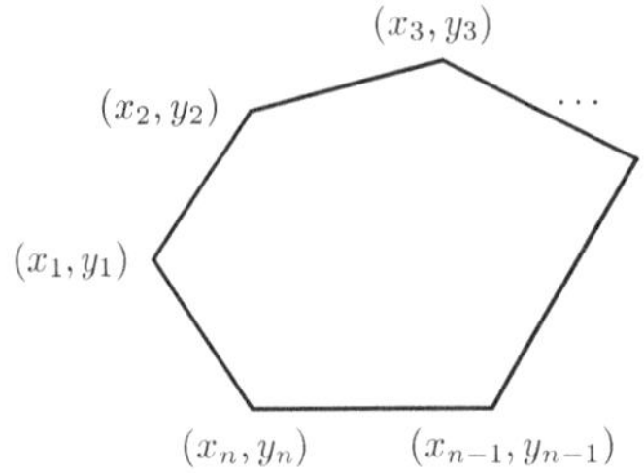

Polygon

$$A = \frac{\left|\sum_{i=1}^{n}(y_i+y_{i+1})(x_i-x_{i+1})\right|}{2} \tag{1.37}$$

mit $x_{n+1} = x_1, y_{n+1} = y_1$

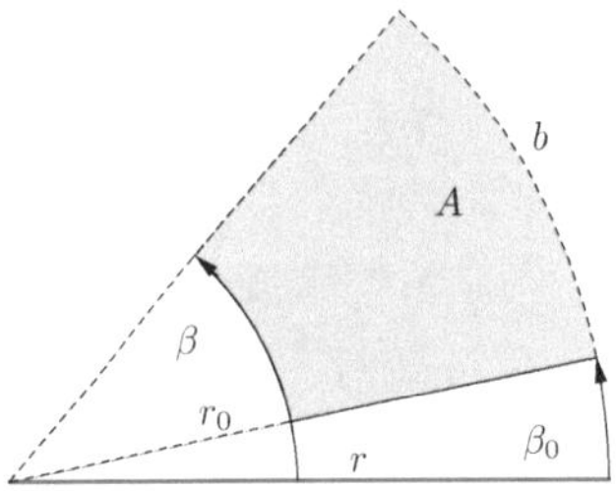

Kreissektor

$0 \leq r_0 \leq r$, $0 \leq \beta_0 \leq \beta \leq 360°$

$$\text{Bogenlänge: } b = \frac{\beta - \beta_0}{180} \cdot r \cdot \pi \tag{1.38}$$

$$A = \frac{\beta - \beta_0}{360} \cdot \pi \cdot (r^2 - r_0^2) \tag{1.39}$$

Vollkreis $(r_0 = 0, \beta_1 = 0, \beta = 360°)$

$$b = 2\pi \cdot r \text{ (Umfang)} \tag{1.40}$$

$$A = \pi \cdot r^2 \tag{1.41}$$

1.4 Tupel und Vektoren

Vektoren bündeln gleichartige ökonomische Größen: Teile einer Fertigungsliste, Lagerbestände verschiedener Produkte, Attribute bzw. Daten eines Kunden, Marktanteile von Anbietern u.v.m.

Tupel und Zeilenvektoren Für $n \in \mathbb{N}$ ist ein n-**Tupel** bzw. **Zeilenvektor** eine Liste

$$a = (a_1, \ldots, a_n) \tag{1.42}$$

von n reellen Zahlen[14] $a_1, \ldots, a_n$, den **Komponenten/Koordinaten** des Tupels. $\mathbb{R}_n$ ist die Menge aller derartigen Zeilenvektoren. [15,16].

Spaltenvektoren Ein **Spaltenvektor** a ist ein Ausdruck[17]

$$a = \begin{pmatrix} a_1 \\ \vdots \\ a_n \end{pmatrix} \tag{1.43}$$

mit $a_1, \ldots, a_n \in \mathbb{R}$. Die Menge aller Spaltenvektoren ist $\mathbb{R}^n$.

[14] nicht unbedingt verschieden [15] Für $n = 2$ spricht man von (geordneten) **Paaren**, für $n = 3$ von **Tripeln** [16] Das Komma zwischen den Komponenten kann je nach Zahldarstellung durch ein anderes Trennzeichen (Semikolon, senkrechter Strich,...) ersetzt werden, um die Übersichtlichkeit zu erhöhen. [17] Vektoren werden mit – ggf. fett gedruckten – Kleinbuchstaben bezeichnet, ihre Komponenten erhalten denselben Buchstaben, ergänzt um einen Index rechts unten. Nummerierung von Vektoren erfolgt mit einem geklammerten Index rechts oben (z.B. $a^{(1)}, a^{(2)}, \ldots, a^{(n)}$). Die Klammern sind zur Unterscheidung von der Potenzschreibweise gedacht.

Kartesisches Produkt Für $A_1, \ldots, A_n \subseteq \mathbb{R}$ ist das **kartesische Produkt**[18]

$$A_1 \times \cdots \times A_n := \left\{ \begin{pmatrix} a_1 \\ \vdots \\ a_n \end{pmatrix} : \forall i \in \{1, \ldots, n\} a_i \in A_i \right\} \tag{1.44}$$

Falls $A_1 = \cdots = A_n = M \subseteq \mathbb{R}$, schreibt man dafür M^n.

(abgeschlossener[19]) **Quader**: $$Q = [a_1; b_1] \times \cdots \times [a_n; b_n] \tag{1.45}$$

mit Intervallen $[a_i; b_i]$, $i = 1, \ldots, n$. Er hat

- **Volumen** $V(Q) = (b_1 - a_1) \cdots (b_n - a_n)$ (1.46)
- **Durchmesser**[20] $D_\infty(Q) = \max(b_1 - a_1, \ldots, b_n - a_n)$. (1.47)

Sind alle Intervalle gleich lang, so heißt Q **Würfel**, für $[a_i; b_i] = [0; 1] \forall i$ **Einheitswürfel**.

Vektoren bündeln gleichartige ökonomische Größen: Teile einer Fertigungsliste, Lagerbestände verschiedener Produkte, Attribute bzw. Daten eines Kunden, Marktanteile von Anbietern u.v.m.

1.5 Matrizen

$m \times n$-**Matrix**[21,22] A: tabellarisches Schema $A = (a_{ij}) = \begin{pmatrix} a_{11} & \ldots & a_{1n} \\ \vdots & & \vdots \\ a_{m1} & \ldots & a_{mn} \end{pmatrix}$ (1.48)

mit m Zeilen, n Spalten und reellen Komponenten a_{ij}. Mit $\mathbb{R}^{m \times n}$ bezeichnet man die Menge aller (reellen) $m \times n$-Matrizen.

Blockmatrix A: eine Darstellung[23] $A = \begin{pmatrix} A_{11} & A_{12} \\ A_{21} & A_{22} \end{pmatrix}$, (1.49)

wobei $A_{11}, A_{12}, A_{21}, A_{22}$ selbst wieder Matrizen sind.

Anwendungsbeispiele für Matrizen $A = (a_{ij})$

- $m \times n$-**Verflechtungsmatrizen** (m Produkte, n Rohstoffe): a_{ij} gibt an, wieviel Einheiten des Rohstoffes i zur Herstellung einer Einheit des Rohstoffes j benötigt werden.
- $n \times n$-**Input-Output-Matrizen**[24] (n Wirtschaftssektoren): a_{ij} ist der für die Herstellung einer Einheit eines Güterwertes in Sektor j benötigte Güterwert aus Sektor i.
- $n \times n$-**Übergangsmatrizen** (n Anbieter, periodischer Wechsel): a_{ij} ist Anteil der Kunden von Anbieter j, die zu Anbieter i wechseln.
- $N \times K$-**Datenmatrizen** stellen statistische Datensätze dar: a_{ij} ist Wert des j-ten Attributs in Datensatz i.

[18] Zur Vereinfachung wird dieselbe Produkt-Schreibweise oft auch für Zeilenvektoren verwendet. Das n-fache kartesische Produkt $M \times \cdots \times M$ wird im Falle von Spaltenvektoren mit M^n und im Falle von Zeilenvektoren mit M_n bezeichnet. [19] Sinngemäß können Quader auch mit Hilfe von offenen, halboffenen oder auch unbeschränkten Intervallen gebildet werden. [20] im Sinne des Maximum-Abstandes; vorstellbar als Kantenlänge des kleinsten Würfels, der diesen Quader enthält. [21] Matrizen werden mit Großbuchstaben, ihre Einträge mit den zugehörigen, doppelt indizierten Kleinbuchstaben bezeichnet. [22] Eine $1 \times m$ Matrix lässt sich mit einem m-Zeilenvektor identifizieren, eine $n \times 1$-Matrix mit einem n-Spaltenvektor. [23] d.h. eine Aufteilung von A in Blöcke, die selbst wieder Matrizen sind, wobei in jeder Zeile bzw. jeder Spalte gleich viele Blöcke auftreten und die Matrizen jeder Zeile (Spalte) gleich viele Zeilen (Spalten) haben. [24] Verwendung in **Leontief-Modellen**

1.6 Operationen zwischen Matrizen und Vektoren

Vergleich und Anordnung von $m \times n$-Matrizen

- $A = B \quad \Leftrightarrow \quad \forall i \in \{1, \ldots, m\}, j \in \{1, \ldots, n\} : a_{ij} = b_{ij}$
- $A \geq B \quad \Leftrightarrow \quad \forall i \in \{1, \ldots, m\}, j \in \{1, \ldots, n\} : a_{ij} \geq b_{ij}$
- $A \leq B \quad \Leftrightarrow \quad \forall i \in \{1, \ldots, m\}, j \in \{1, \ldots, n\} : a_{ij} \leq b_{ij}$

(sinngemäß auch für Vergleich und Anordnung von Vektoren)

Transposition $$\begin{pmatrix} a_{11} & \ldots & a_{1n} \\ \vdots & & \vdots \\ a_{m1} & \ldots & a_{mn} \end{pmatrix}^T = \begin{pmatrix} a_{11} & \ldots & a_{m1} \\ \vdots & & \vdots \\ a_{1n} & \ldots & a_{mn} \end{pmatrix} \tag{1.50}$$

für Vektoren: $$\begin{pmatrix} a_1 \\ \vdots \\ a_n \end{pmatrix}^T = (a_1, \ldots, a_n), \quad (a_1, \ldots, a_n)^T = \begin{pmatrix} a_1 \\ \vdots \\ a_n \end{pmatrix} \tag{1.51}$$

Addition und skalare Multiplikation Für $A, B \in \mathbb{R}^{m \times n}$, $\alpha \in \mathbb{R}$ (**Skalar**)

$$A + B = \begin{pmatrix} a_{11} + b_{11} & \ldots & a_{1n} + b_{1n} \\ \vdots & & \vdots \\ a_{m1} + b_{m1} & \ldots & a_{mn} + b_{mn} \end{pmatrix} \tag{1.52}$$

$$\alpha A = \begin{pmatrix} \alpha a_{11} & \ldots & \alpha a_{1n} \\ \vdots & & \vdots \\ \alpha a_{m1} & \ldots & \alpha a_{mn} \end{pmatrix} \tag{1.53}$$

Vektoraddition $x + y$ und skalare Multiplikation αx für Vektoren $x, y \in \mathbb{R}^n$:

$$\begin{pmatrix} x_1 \\ \vdots \\ x_n \end{pmatrix} + \begin{pmatrix} y_1 \\ \vdots \\ y_n \end{pmatrix} := \begin{pmatrix} x_1 + y_1 \\ \vdots \\ x_n + y_n \end{pmatrix}, \quad \alpha \begin{pmatrix} x_1 \\ \vdots \\ x_n \end{pmatrix} := \begin{pmatrix} \alpha x_1 \\ \vdots \\ \alpha x_n \end{pmatrix} \tag{1.54}$$

Matrixprodukt $C = AB$ zweier Matrizen $A \in \mathbb{R}^{m \times k}$, $B \in \mathbb{R}^{k \times n}$

$$\begin{pmatrix} c_{11} & \cdots & c_{1n} \\ \vdots & c_{ij} & \vdots \\ c_{m1} & \ldots & c_{mn} \end{pmatrix} = \begin{pmatrix} a_{11} & \ldots & a_{1k} \\ \vdots & & \vdots \\ a_{i1} & \ldots & a_{ik} \\ \vdots & & \vdots \\ a_{m1} & \ldots & a_{mk} \end{pmatrix} \cdot \begin{pmatrix} b_{11} \cdots & b_{1j} & \cdots b_{1n} \\ \vdots & \vdots & \vdots \\ b_{k1} \cdots & b_{kj} & \cdots b_{kn} \end{pmatrix} \tag{1.55}$$

$$c_{ij} = a_{i1} b_{1j} + a_{i2} b_{2j} + \cdots + a_{ik} b_{kj} \tag{1.56}$$

Spezialfälle:

- Produkt $Ax \in \mathbb{R}^m$ von $A \in \mathbb{R}^{m \times n}$ mit Spaltenvektor $x \in \mathbb{R}^n$.
- Produkt $xA \in \mathbb{R}_n$ von $A \in \mathbb{R}^{m \times n}$ mit Zeilenvektor $x \in \mathbb{R}_m$.
- **Matrixpotenz** für $A \in \mathbb{R}^{n \times n}$

$$A^0 := I_n, \quad A^k := A \cdot A \cdots A \quad (k \text{ Faktoren}) \tag{1.57}$$

Ökonomische Anwendungen des Matrix-Produktes

- Ist A die Verflechtungsmatrix zwischen Rohstoffen $R_1, \dots, R_m$ und (Zwischen-)Produkten $Z_1, \dots, Z_k$, so ist Ax der einem Produktvektor $x \in \mathbb{R}^k$ zugeordnete Rohstoffvektor.

  Ist zudem B die Verflechtungsmatrix zwischen $Z_1, \dots, Z_k$ und Endprodukten $E_1, \dots, E_n$, so ist AB die Verflechtungsmatrix zwischen $R_1, \dots, R_m$ und $E_1, \dots, E_n$.
- Ist $A \in \mathbb{R}^{n \times n}$ die Übergangsmatrix der Kundenwanderung für eine spezielle Periode, so ist Ax die Verteilung der Folgeperiode zur aktuellen Verteilung $x \in \mathbb{R}^n$. Dabei ist ein **stochastischer Vektor** bzw. eine **Verteilung** ein Vektor x mit

$$x_j \geq 0 \, \forall j \text{ und } x_1 + \cdots + x_n = 1 \tag{1.58}$$

  - Eine Verteilung $x \in \mathbb{R}^n$ mit

$$Ax = x \text{ bzw. } (I_n - A)x = \bar{0} \tag{1.59}$$

    heißt **stationäre** bzw. **stabile Verteilung** zur Übergangsmatrix A.
  - A^k ist die k-Schritt-Übergangsmatrix für k Zeiteinheiten[25], d.h. ist $x \in \mathbb{R}^n$ Verteilung einer Periode, so ist $A^k x$ die Verteilung nach k weiteren Perioden.
  - Wenn es $\ell \in \mathbb{N}$ gibt, so dass A^ℓ nur strikt positive Einträge hat, so gibt es genau eine stabile Verteilung x. Zudem ist $x = \lim\limits_{k \to \infty} A^k x^{(0)}$ für jede Verteilung $x^{(0)}$.

1.7 Funktionen

Grundbegriffe Gegeben seien zwei Teilmengen $\mathbb{D} \subseteq \mathbb{R}^n$ und[26] $\mathbb{W} \subseteq \mathbb{R}^m$.

Unter einer **Funktion** $f : \mathbb{D} \to \mathbb{W}$ versteht man eine Teilmenge[27] R von $\mathbb{D} \times \mathbb{W}$ mit folgender Eigenschaft: zu jedem $x \in \mathbb{D}$ gibt es genau ein $y = f(x) \in \mathbb{W}$, so dass $(x, y) \in R$. Für diese Zuordnung schreibt man auch

$$x \mapsto f(x) \tag{1.60}$$

Der Ausdruck $f(x)$ heißt **Funktionsterm**, $D_f := \mathbb{D}$ wird **Definitionsbereich**, $W_f := \mathbb{W}$ wird **Wertebereich** von f genannt.

Falls $\mathbb{W} = \mathbb{R}$ (d.h. $m = 1$), so wird f als **einwertige**, anderenfalls (d.h. $\mathbb{W} = \mathbb{R}^m$ mit $m > 1$) als **mehrwertige** oder **vektorwertige** Funktion bezeichnet.

Das **Bild** von $\mathbb{A} \subseteq \mathbb{D}$ unter f ist die Menge aller $y \in \mathbb{W}$, die als Funktionswert $f(x)$ mit $x \in \mathbb{A}$ realisiert werden:

$$f(\mathbb{A}) := \{y \in \mathbb{W} : \exists x \in \mathbb{A} \, y = f(x)\} \tag{1.61}$$

Das **Bild** von f ist die Menge aller $y \in \mathbb{W}$, die als Funktionswert $f(x)$ mit $x \in \mathbb{D}$ realisiert werden:

$$\mathit{Bild}(f) := f(\mathbb{D}) \subseteq \mathbb{W} \tag{1.62}$$

Das **Urbild** von $\mathbb{B} \subseteq \mathbb{W}$ unter f ist die Menge aller $x \in \mathbb{D}$, zu denen der Bildwert $f(x)$ in $\mathbb{B}$ liegt:

$$f^{-1}(\mathbb{B}) := \{x \in \mathbb{D} : f(x) \in \mathbb{B}\} \subseteq \mathbb{R}^n \tag{1.63}$$

[25] Angenommen ist gleiches Kundenwechselverhalten für jede Zeiteinheit. [26] im folgenden meist $m = 1$. [27] Eine Teilmenge $R \subseteq \mathbb{D} \times \mathbb{W}$ wird auch **Relation** zwischen $\mathbb{D}$ und $\mathbb{W}$ genannt.

Verkettung von Funktionen Sind $g : \mathbb{D} \to \mathbb{W}$ und $f : \mathbb{W} \to \mathbb{V}$ Funktionen mit $\mathbb{D} \subseteq \mathbb{R}^n$, $\mathbb{W} \subseteq \mathbb{R}^m$, $\mathbb{V} \subseteq \mathbb{R}^k$, so versteht man unter der **Verkettung** von f und/mit g die Funktion[28]

$$f \circ g : \mathbb{D} \to \mathbb{V}, \quad (f \circ g)(x) = f(g(x)) \tag{1.64}$$

Identität $\mathrm{id} : \mathbb{R}^n \to \mathbb{R}^n$, $\mathrm{id}(x) = x$ (1.65)

Umkehrfunktion Eine Funktion $f : \mathbb{D} \to \mathbb{W}$ heißt

- **surjektiv**, wenn $f(\mathbb{D}) = \mathbb{W}$,
- **injektiv**, wenn $f^{-1}(\{y\})$ höchstens einelementig ist $\forall y \in \mathbb{W}$,
- **bijektiv**, wenn sie injektiv und surjektiv ist.

Eine bijektive Funktion $f : \mathbb{D} \to \mathbb{W}$ ist **umkehrbar**, d.h. es gibt zu jedem $y \in \mathbb{W}$ genau ein $x = g(y) \in \mathbb{D}$ mit $f(x) = y$. Es gilt dann

$$g \circ f = \mathrm{id}, \text{ d.h. } g(f(x)) = x \ \forall x \in \mathbb{D} \tag{1.66}$$

$$f \circ g = \mathrm{id}, \text{ d.h. } f(g(y)) = y \ \forall y \in \mathbb{W} \tag{1.67}$$

$g : \mathbb{W} \to \mathbb{D}$ heißt **Umkehrfunktion** zu f und wird mit f^{-1} bezeichnet[29].

Funktionen im ökonomischen Sachzusammenhang Darstellung rechnerischer Zusammenhänge zwischen (Gruppen von) ökonomischen Variablen:

- **Kostenfunktion**: zwischen eingesetzten Produktionsfaktoren und gesamten Kosten der Herstellung
- **Produktionsfunktion**: zwischen Faktoreinsatzmengen den Produktionsoutput.
- **Nachfragefunktion**: zwischen abgesetzter Menge und Preis.
- **Umsatzfunktion** (Erlösfunktion): zwischen abgesetzter Menge und Umsatz.
- **Gewinnfunktion**: Differenz einer Umsatz- und einer Kostenfunktion. Ohne fixe Kosten: **Deckungsbeitrags-Funktion**.

[28] lies: „f verkettet mit g" [29] lies: „f hoch minus Eins"

2 Lineare Gleichungssysteme

2.1 LGS und Matrixdarstellung

Lineares Gleichungssystem (LGS): ein System von m Gleichungen in Unbekannten $x_1, \dots, x_n$ der Form

$$Ax = b \tag{2.1}$$

$$\text{bzw. } a_{i1}x_1 + a_{i2}x_2 + \cdots + a_{in}x_n = b_i, \quad i = 1, \dots, m \tag{2.2}$$

mit Variablenvektor $x = (x_1, \dots, x_n)^T$, **Koeffizientenmatrix**[1] $A \in \mathbb{R}^{m \times n}$ Vektor $b \in \mathbb{R}^m$.

Gleichungsmatrix eines LGS (2.1) ist $(A|b) = \left(\begin{array}{cccc|c} a_{11} & a_{12} & \dots & a_{1n} & b_1 \\ \vdots & \vdots & & \vdots & \vdots \\ a_{m1} & a_{m2} & \dots & a_{mn} & b_m \end{array}\right)$ (2.3)

Lösungsmenge $\mathbb{L}_{A,b} := \{x \in \mathbb{R}^n : Ax = b\}$ (2.4)

Homogenes LGS[2]: $Ax = \bar{0}$. $Kern(A) := \mathbb{L}_{A,\bar{0}}$ wird als **Kern** der Matrix A bezeichnet.

Zeilenumformungen (ZUF) $(A|b) \to (A'|b')$ mit $\mathbb{L}_{A,b} = \mathbb{L}_{A',b'}$:

(**ZV**(i,j))	Zeile i und j werden vertauscht $(i \neq j)$	(2.5)
(**ZM**(i,β))	Zeile i wird mit Konstante $\beta \neq 0$ multipliziert.	(2.6)
(**ZA**(i,j,α))	Zu Zeile j wird das α-fache von Zeile $i \neq j$ addiert.	(2.7)

Zeilenstufenform[3,4,5,6,7] :

$$\left(\begin{array}{ccccccccccc|c} & j_1 & & j_2 & & \ell & & j_k & & \\ & \downarrow & & \downarrow & & \downarrow & & \downarrow & & \\ \cdots & 1 & \cdots & 0 & \cdots & z_{1\ell} & \cdots & 0 & \cdots & c_1 \\ \cdots & 0 & \cdots & 1 & \cdots & z_{2\ell} & \cdots & 0 & \cdots & c_2 \\ & \vdots & & & & & & \vdots & & \vdots \\ \cdots & 0 & \cdots & 0 & \cdots & z_{k\ell} & & 1 & \cdots & c_k \\ \hline \cdots & 0 & \cdots & 0 & \cdots & 0 & & 0 & \cdots & c_{k+1} \\ & \vdots & & \vdots & & \vdots & & \vdots & & \vdots \\ \cdots & 0 & \cdots & 0 & \cdots & 0 & & 0 & \cdots & c_m \end{array}\right) \tag{2.8}$$

- Durch ZUF kann $(A|b)$ in diese Zeilenstufenform (2.8) überführt werden.
- $Rg(A) := k \leq n$ heißt **Rang** von A.
- **Basis-** bzw. **Pivotspalten**: $j_1, \dots, j_k$, **Basis-** bzw. **Pivotvariablen**: $x_{j_1}, \dots, x_{j_k}$, **Pivotstellen**: $(1, j_1), \dots, (k, j_k)$.

[1] Es wird stets angenommen, dass A nicht die Nullmatrix ist. [2] $Ax = b$ mit $b \neq \bar{0}$ heißt **inhomogen** [3] Unterhalb der Treppenlinie sind die Einträge der Spalten $1, \dots, n$ gleich Null. [4] Bis auf $c_{k+1}, \dots, c_m$ ist $(Z|c)$ eindeutig bestimmt. [5] Im Falle der Lösbarkeit darf man die letzten $m-k$ Zeilen streichen. [6] Auch Z – ohne Spalte c – wird als Zeilenstufenform bezeichnet. [7] Abkürzung: ZSF

2.2 Eliminationsverfahren nach Gauß

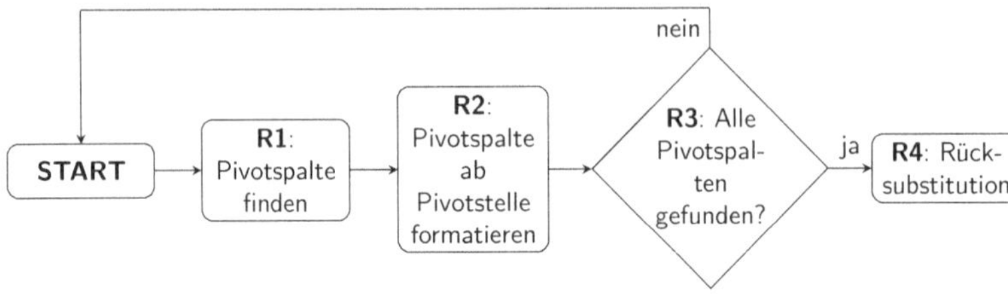

Wende auf die Gleichungsmatrix (2.3) nacheinander folgende Zeilenumformungen[8] an:

START Setze $j_0 = 0$ und $r = 1$.

R1 Finde[9] $j_r > j_{r-1}$ mit $a_{rj_r} \neq 0$ und $a_{st} = 0 \; \forall s \geq r \; \forall t < j_r$. a_{rj_r} heißt **Pivotelement**.

R2 **ZM**$(r, 1/a_{r,j_r})$ und dann für alle $i > r$: **ZA**$(r, i, -a_{i,j_r})$

R3 Falls $j_r = n$, $r = m$ oder $a_{i\ell} = 0$ für alle $i > r, \ell > j_r$, gehe zu **R4**.

Sonst erhöhe r um 1 und gehe zu **R1**.

R4 Mit den gefundenen **Pivotstellen** $(1, j_1), \ldots, (r, j_r)$ führe aus[10]:

Für $r = k, k-1, \ldots, 2$ und jeweils $i = 1, \ldots, r-1$: **ZA**$(r, i, -a_{i,j_r})$

2.3 Lösungsmenge eines LGS

Gilt in (2.8) $c_i \neq 0$ für ein $i > k$, so ist das LGS unlösbar, sonst:

- **Basislösung**: $x^{(B)} = (x_1^{(B)}, \ldots, x_n^{(B)})^T$ mit

$$x_{j_1}^{(B)} = c_1, \ldots, x_{j_k}^{(B)} = c_k, x_j^{(B)} = 0 \text{ für } j \notin \{j_1, \ldots, j_k\} \tag{2.9}$$

  Falls $k = n$, ist $x^{(B)}$ eindeutige Lösung.

- Lösungen für $k < n$: freie Festlegung der Nichtbasisvariablen, Berechnung der Basisvariablen gemäß[11,12,13]

$$x_{j_p} = c_p - \sum_{\ell \neq j_p} z_{p\ell} x_\ell, \quad p = 1, \ldots, k \tag{2.10}$$

Zwei Gleichungen in zwei Variablen Das LGS $ax + by = e, cx + dy = f$ hat für $ad - bc \neq 0$ die eindeutige Lösung

$$x = \frac{de - bf}{ad - bc}, y = \frac{af - ce}{ad - bc} \tag{2.11}$$

[8]Die nach einer Zeilenumformung entstandene Gleichungsmatrix wird jeweils wieder mit $(A|b)$ bezeichnet. [9]Gegebenenfalls ist eine Zeilenvertauschung nötig, damit man solch ein a_{rj} findet. [10]Die Reihenfolge der Umformungen kann hier beliebig sein, Umformung von rechts nach links ist aber am effizientesten. [11]Wegen $z_{pj_r} = 0$ für $r \neq p$ erfolgt die Summation in (2.10) tatsächlich nur über Nichtbasis-Indizes, d.h. über $j \notin \{j_1, \ldots, j_k\}$; alle Summanden zu Basisindizes $j_k \neq j_\ell$ werden Null. [12]Lösung in Vektorform vgl. (3.6), mit Inverse vgl. (4.6) [13]Alle Aussagen in 2.3 gelten sinngemäß auch bei einer Basisform $(Z|c)$.

2.4 Lineare Optimierung

Ein **lineares Optimierungsproblem**[14] (**LOP**) in **Standardform**[15] hat mit Variablenvektor $x = (x_1, \ldots, x_n)^T$ die Form

$$c^T x \stackrel{!}{=} \min \quad \text{unter } Ax = b, \quad x \geq \bar{0} \tag{2.12}$$

mit $c \in \mathbb{R}^n$, $A \in \mathbb{R}^{m \times n}$, $Rg(A) = m$, $b \in \mathbb{R}^m$, $b \geq \bar{0}$.

Basisform und Basislösung Eine $m \times (n+1)$ Gleichungsmatrix $(F|d)$ ist in **Basisform**, wenn in F alle Einheitsvektoren $e^{(1)}, \ldots, e^{(m)}$ als Spalten[16] auftreten. Die zugehörigen Spalten[17] $j_1, \ldots, j_m$ heißen **Basisspalten**[18]. Die zugehörigen Variablen $x_{j_1}, \ldots, x_{j_m}$ heißen **Basisvariablen**[19].

Simplexalgorithmus

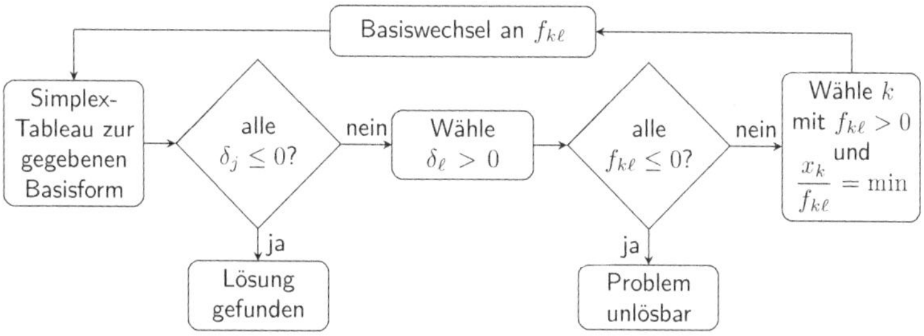

Für LOP in Standardform (2.12), das bereits in Basisform $(F|d)$ mit $d \geq \bar{0}$ vorliegt[20]:

[1] Simplex-Tableau aufstellen:

	$c_1 \ldots c_\ell \ldots c_n$	x	Engpass
c_{j_1}	$f_{11} \ldots f_{1\ell} \ldots f_{1n}$	d_1	$d_1/f_{1\ell}$
$\vdots$	$\vdots \quad \vdots \quad \vdots$	$\vdots$	$\vdots$
c_{j_k}	$f_{k1} \ldots f_{k\ell} \ldots f_{kn}$	d_k	$d_k/f_{k\ell}$
$\vdots$	$\vdots \quad \vdots \quad \vdots$	$\vdots$	$\vdots$
c_{j_m}	$f_{m1} \ldots f_{m\ell} \ldots f_{mn}$	d_m	$d_m/f_{m\ell}$
	$\delta_1 \ldots \delta_\ell \ldots \delta_n$	z	

mit

$$\delta_j = \sum_{r=1}^{m} c_{j_r} f_{rj} - c_j \tag{2.13}$$

$$z = \sum_{r=1}^{m} c_{j_r} d_r \tag{2.14}$$

[14]auch: lineares Programm [15]Überführung anderer LOP in Standardform: Ein Maximierungsproblem wird durch Multiplikation der Zielfunktion mit -1 in ein Minimierungsproblem überführt. Eine Nebenbedingung der Form $a_{i1}x_1 + \cdots + a_{in}x_n \leq b_i$ (bzw. $\geq b_i$) wird mit einer **Schlupfvariable** $y_i \geq 0$ überführt in $a_{i1}x_1 + \cdots + a_{in}x_n + y_i = b_i$ (bzw. $\cdots - y_i = b_i$). Eine Gleichung mit $b_i < 0$ wird mit -1 multipliziert. Redundante Gleichungen werden schließlich gestrichen. [16]Solche Spalten heißen **Einheitsspalten**. [17]Anders als bei der ZSF muss nicht $j_1 < \cdots < j_m$ gelten und liegt auch keine Treppenform vor. [18]bzw. **Pivotspalten** [19]Die übrigen Variablen heißen **Nichtbasisvariablen**. [20]Basisspalten seien hier $j_1, \ldots, j_m$.

[2] Falls $\delta_j \le 0 \forall j$: Optimallösung erreicht! Sonst wähle[21] ein ℓ mit $\delta_\ell > 0$.

[3] Falls $f_{i\ell} \le 0 \forall i$: (2.12) unlösbar[22]. Sonst wähle[23] k mit $f_{k\ell} > 0$ und $\dfrac{d_k}{f_{k\ell}}$ minimal.

[4] Neue Simplex-Tableau durch Basiswechsel[24,25] an Pivotstelle (k, ℓ):

[a] **ZM**$(k, 1/f_{k\ell})$, dann

[b] **ZA**$(k, i, -f_{i\ell})$ für $i \neq k$,

[c] **ZA**$(k, m+1, -\delta_\ell)$[26]

Fahre mit der neuen Basisform in Schritt [2] fort.

Zweiphasenmethode

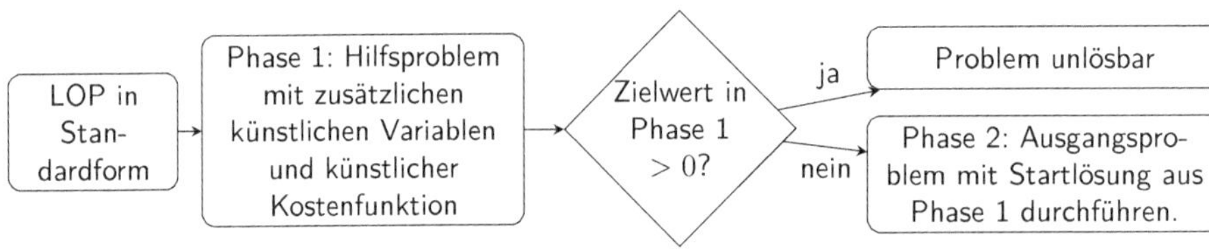

Ein LOP in Standardform (2.12) löst man wie folgt:

[1] Phase 1: Fehlen k Einheitsspalten in A, so löse das LOP

$$u_1 + \cdots + u_k = \bar{1}^T u \overset{!}{=} \min \text{ unter } Ax + Ku = b; x, u \ge \bar{0} \tag{2.15}$$

$K \in \mathbb{R}^{m \times k}$ besteht aus den k Einheitsspalten, die in A fehlen[27,28]. Die Lösung des Problems sei mit $x^{(1)}$, $u^{(1)}$ bezeichnet.

[2] Phase 2: Falls $\bar{1}^T u^{(1)} > 0$, so hat das Ausgangsproblem keine Lösung.

Anderenfalls ist $x^{(1)}$ eine zulässige Basislösung von (2.12). Bezeichnet $\tilde{A}x + \tilde{K}u = \tilde{b}$ die Nebenbedingungen laut Schlusstableau aus Phase 1, so ist $[\tilde{A}|\tilde{b}]$ eine Basisform, mit der das Ausgangsproblem (2.12) gelöst wird.

---

[21] Bei mehreren Möglichkeiten: Wähle das kleinstmögliche ℓ (**Bland-Regel**, 1. Teil) [22] Die Zielfunktion ist nach unten unbeschränkt. [23] Bei mehreren Möglichkeiten: Wähle k mit am weitesten links liegender Basisspalte (Bland-Regel, 2. Teil). [24] Jede Zeilenumformung bezieht sich immer auf die in der vorigen Zeilenumformung erhaltene Gleichungsmatrix. [25] Basisspalten werden dann $j_1, \dots, j_{k-1}, \ell, j_{k+1}, \dots, j_m$. [26] Die letzte Umformung entspricht Neuberechnung von δ-Werten und Zielwert gemäß (2.13) und (2.14). [27] Wenn keine Einheitsspalte fehlt, kann Phase 1 übersprungen werden. [28] Die zusätzlichen Variablen $u_1, \dots, u_k$ des LOP heißen **künstliche Variablen**.

3 Vektoren

Besondere Vektoren des $\mathbb{R}^n$ sind[1,2]

- **Nullvektor** (Ursprung(svektor)) $\bar{0} = \bar{0}_n = \begin{pmatrix} 0 \\ \vdots \\ 0 \end{pmatrix}$ und **Einsvektor** $\bar{1} = \bar{1}_n = \begin{pmatrix} 1 \\ \vdots \\ 1 \end{pmatrix}$ (3.1)

- für $j \in \{1, \ldots, n\}$ der j-te **Einheitsvektor**[3] $e^{(j)} = \begin{pmatrix} 0 \\ \vdots \\ 1 \\ \vdots \\ 0 \end{pmatrix}$ (3.2)

3.1 Linearkombinationen

Es seien $a^{(1)}, \ldots, a^{(m)}$ Vektoren des $\mathbb{R}^n$ und $A = [a^{(1)}, \ldots, a^{(m)}]$ die aus den Spalten $a^{(1)}, \ldots, a^{(m)}$ gebildete Matrix in $\mathbb{R}^{n \times m}$.

Jeder Vektor $b \in \mathbb{R}^n$ der Form

$$b = \alpha_1 a^{(1)} + \cdots + \alpha_m a^{(m)} = A\alpha \quad \text{mit } \alpha = (\alpha_1, \ldots, \alpha_m)^T \tag{3.3}$$

heißt **Linearkombination** (LK) von $a^{(1)}, \ldots, a^{(m)}$ mit **Koeffizienten/Koordinaten** α_i.

Ob b (eindeutige) LK von $a^{(1)}, \ldots, a^{(m)}$ ist, bestimmt man durch Lösung des LGS $A\alpha = b$.

Eine **konvexe Linearkombination** von $a^{(1)}, \ldots, a^{(m)}$ ist eine LK

$$\alpha_1 a^{(1)} + \cdots + \alpha_m a^{(m)} \tag{3.4}$$

mit $\alpha_1, \ldots, \alpha_m \in [0; 1]$ und $\alpha_1 + \cdots + \alpha_m = 1$.

$\mathbb{D} \subseteq \mathbb{R}^n$ heißt **konvex**, wenn jede konvexe LK von Vektoren aus $\mathbb{D}$ wieder in $\mathbb{D}$ liegt (z.B. alle Quader und Kugeln sind konvex).

Lineare Abhängigkeit und Unabhängigkeit

- $a^{(1)}, \ldots, a^{(m)}$ heißen **linear abhängig** (l.a.), wenn $\bar{0}$ sich auf mehrere Arten linear aus diesen kombinieren lässt, d.h. wenn das LGS $A\alpha = \bar{0}$ nicht nur die Lösung $\alpha = \bar{0}$ hat.
- $a^{(1)}, \ldots, a^{(m)}$ heißen **linear unabhängig** (l.u.), wenn das LGS genau eine Lösung hat.

[1]Bei den Vektoren geht die Anzahl n der Komponenten i.d.R. aus dem Zusammenhang hervor, sonst Indizierung, z.B. $\bar{0}_n$. [2]Entsprechend Konstantvektor $\bar{s}_1$ bzw. Konstantmatrix $\bar{s}_{m \times n}$ für Vektoren bzw. Matrizen mit identischen Einträgen s. [3]d.h. 1 an der j-ten Komponente, 0 sonst.

Lineare Hülle $\mathbb{L} = Span(a^{(1)}, \ldots, a^{(m)})$ zum **Erzeugendensystem** $a^{(1)}, \ldots, a^{(m)}$ ist

- die Menge $\mathbb{L}$ aller Linearkombinationen von $a^{(1)}, \ldots, a^{(m)}$ und gleichzeitig
- die Menge $\mathbb{L}$ aller Vektoren $A\alpha$, wobei $\alpha \in \mathbb{R}^m$ (das **Bild** / der **Spaltenraum** von A).

Man sagt, $\mathbb{L}$ wird von $a^{(1)}, \ldots, a^{(m)}$ **aufgespannt** (erzeugt).

3.2 Untervektorraum, Basis und Dimension

Untervektorraum (UVR) ist eine Menge $\mathbb{L} \subseteq \mathbb{R}^n$ mit

- $\bar{0} \in \mathbb{L}$
- $x, y \in \mathbb{L}, \alpha \in \mathbb{R} \Rightarrow \alpha(x + y) \in \mathbb{L}$

Jeder UVR wird durch endlich viele Vektoren aufgespannt.

Dimension $\dim(\mathbb{L})$ eines UVR ist Anzahl m linear unabhängiger Vektoren $a^{(1)}, \ldots, a^{(m)}$, von denen $\mathbb{L}$ aufgespannt wird[4].

UVR der Dimension 1 bzw. 2 heißen **Geraden** bzw. **Ebenen**.

Basis: Ein l.u. Erzeugendensystem eines UVR.

Basis von $Kern(A)$ wird wie folgt bestimmt:

[1] Bringe A in Basisform[5] $Z = (z_{ij})$ mit Basispalten $j_1, \ldots, j_k$ und Nichtbasisspalten $\ell \in K = \{1, \ldots, n\} \setminus \{j_1, \ldots, j_k\}$.

[2] Zu jeder Nichtbasisspalte ℓ wird Basisvektor $b^{(\ell)}$ gebildet[6,7,8]:

$$
\begin{array}{rcccccccccc}
 & & j_1 & & j_2 & & \ell & & j_k & \\
 & & \downarrow & & \downarrow & & \downarrow & & \downarrow & \\
 & \cdots & 1 & \cdots & 0 & \cdots & z_{1\ell} & \cdots & 0 & \cdots \\
 & \cdots & 0 & \cdots & 1 & \cdots & z_{2\ell} & \cdots & 0 & \cdots \\
Z = & & & & & & & \ddots & & \\
 & \cdots & 0 & \cdots & 0 & \cdots & \vdots & & 0 & \cdots \\
 & \cdots & 0 & \cdots & 0 & \cdots & z_{k\ell} & & 1 & \cdots \\
 & & \downarrow & & \downarrow & & \downarrow & & \downarrow & \\
b^{(\ell)} = (& \cdots & -z_{1\ell} & \cdots & -z_{2\ell} & \cdots & 1 & \cdots & -z_{k\ell} & \cdots \;)^T
\end{array}
\tag{3.5}
$$

Lösungsmenge eines LGS $Ax = b$ **mittels** $Kern(A)$ Bestimme mit Zeilenumformungen eine Basisform $(Z|c)$. Dann gilt

$$\mathbb{L} = \{x = x^{(B)} + \textstyle\sum_{\ell \in K} x_\ell b^{(\ell)} : x_\ell \in \mathbb{R} \text{ für } \ell \in K\} \tag{3.6}$$

mit $x^{(B)}$ gemäß (2.9) und $b^{(\ell)}$ gemäß (3.5).

[4]aus einem l.a. Erzeugendensystem $a^{(1)}, \ldots, a^{(k)}$ bekommt man ein solches l.u. System z.B., indem man $A = (a^{(1)}, \ldots, a^{(k)})$ mit Zeilenumformungen in Basisform Z überführt und in A alle Vektoren zu Nichtbasisspalten der Basisform streicht. [5]Eventuelle Nullzeilen in Z müssen gestrichen werden. [6]Im Schaubild ist die ZSF angegeben, dies ist sinngemäß auf eine beliebige Basisform übertragbar. [7]Alle „$\cdots$“ in b sind durch (ggf. leere Sequenzen von) Nullen zu ergänzen. [8]jeder skalar Vielfache Vektor $\alpha b^{(\ell)}$ mit $\alpha \neq 0$ ist genau so geeignet.

3.3 Skalarprodukt, Norm und Abstand

Skalarprodukt von $x, y \in \mathbb{R}^n$ $\langle x, y\rangle := x^T y = x_1 y_1 + \dots + x_n y_n$ (3.7)

(Euklidische) Norm von $x \in \mathbb{R}^n$ $\|x\| := \sqrt{\langle x, x\rangle} = \sqrt{x^T x} = \sqrt{x_1^2 + \dots + x_n^2}$ (3.8)

Eigenschaften für $x, y \in \mathbb{R}^n$ und $\alpha \in \mathbb{R}$:

$\|x\| \geq 0$ und $\|x\| = 0 \Leftrightarrow x = \bar{0}$ (3.9)

$\|\alpha x\| = |\alpha| \|x\|$ (3.10)

$\|x + y\| \leq \|x\| + \|y\|$ (**Dreiecksungleichung**) (3.11)

$|\langle x, y\rangle| \leq \|x\| \cdot \|y\|$ (**Cauchy-Schwarz-Ungleichung**) (3.12)

$\|x\| \cdot \|y\| \cdot \cos(\varphi) = \langle x, y\rangle$ (Winkel φ zwischen Vektoren) (3.13)

Weitere Normen (mit Eigenschaften (3.9)–(3.11))

- **Minkowski-Norm**[9] $\|x\|_p := \sqrt[p]{|x_1|^p + \dots + |x_n|^p}$ (3.14)
- **Maximum-Norm**: $\|x\|_\infty := \max(|x_1|, \dots, |x_n|)$ (3.15)

Orthogonalität $x, y \in \mathbb{R}^n$ heißen **orthogonal** ($x \perp y$), wenn $\langle x, y\rangle = 0$ und **orthonormal**, wenn zusätzlich $\|x\| = \|y\| = 1$. Vektoren $a^{(1)}, \dots, a^{(m)} \in \mathbb{R}^n$ heißen (paarweise) **orthogonal** bzw. **orthonormal**, wenn dies für je zwei verschiedene der Vektoren gilt.

Linearkombination mit paarweise orthonormalen Vektoren $a^{(1)}, \dots, a^{(n)} \in \mathbb{R}^n$:

$$x = \langle a^{(1)}, x\rangle a^{(1)} + \dots + \langle a^{(n)}, x\rangle a^{(n)} \qquad \forall x \in \mathbb{R}^n \tag{3.16}$$

Abstand Der **euklidische Abstand** von $x, y \in \mathbb{R}^n$ ist der Ausdruck[10]

$$\|x - y\| = \sqrt{(x_1 - y_1)^2 + \dots + (x_n - y_n)^2} \tag{3.17}$$

Durchmesser von $Q \subseteq \mathbb{R}^n$ ist[11] $D(Q) := \sup\{\|x - y\| : x, y \in Q\}$.

(Offene) Kugel um $x \in \mathbb{R}^n$ mit Radius $r > 0$ ist erklärt als

$$B_r(x) = B(x, r) := \{y \in \mathbb{R}^n : \|x - y\| < r\} \tag{3.18}$$

Sie hat das (n-dimensionale) Volumen $V = \dfrac{r^n \pi^{n/2}}{\Gamma(\frac{n}{2} + 1)}$ und den Durchmesser $d = 2r$

Spezialfall $n = 3$: $V = \dfrac{4}{3}\pi r^3$ (3.19)

[9] bzw. p-**Norm**, für $p = 1$ auch **City-Block-Norm** genannt, $\|x\|_1 = |x_1| + \dots + |x_n|$. Für $p = 2$ ergibt sich die euklidische Norm, d.h. $\|x\|_2 = \|x\|$. [10] Auch die anderen genannten Normen ergeben Abstandsmaße, z.B. den **City-Block-Abstand** $\|x - y\|_1$ oder **Maximum-Abstand** $\|x - y\|_\infty$. [11] Analog z.B. **Maximum-Durchmesser** $D_\infty(Q) := \sup\{\|x - y\|_\infty : x, y \in Q\}$.

Topologische Eigenschaften von Mengen

- Ein **innerer Punkt** einer Menge $\mathbb{D} \subseteq \mathbb{R}^n$ ist ein Punkt x, für den $B_r(x) \subseteq \mathbb{D}$ für ein (geeignet kleines) $r > 0$.
- Eine Menge $\mathbb{D} \subseteq \mathbb{R}^n$ heißt
  - **offen**, wenn sie nur innere Punkte enthält,
  - **abgeschlossen**, wenn $\mathbb{D}^c$ offen ist, und
  - **kompakt**, wenn sie abgeschlossen und beschränkt[12] ist.
- Der **Rand** $\partial\mathbb{D}$ von $\mathbb{D} \subset \mathbb{R}^n$ ist die Menge aller Punkte x, für die jede offene Kugel $B_r(x)$ mit $r > 0$ Punkte von $\mathbb{D}$ und $\mathbb{D}^c$ enthält.
  - Kugeln $B_r(x)$ sind offen mit $\partial B_r(x) = \{y \in \mathbb{R}^n : \|y - x\| = r\}$.
  - Ein Quader $\mathbb{D} = A_1 \times \cdots \times A_n$ mit Intervallen $A_j \subseteq \mathbb{R}$ ist offen, wenn alle A_j offen sind, und abgeschlossen, wenn alle A_j abgeschlossen sind. $\partial\mathbb{D}$ besteht aus den Vektoren $x \in \mathbb{R}^n$, für die wenigstens ein x_j linke oder rechte Intervallgrenze von A_j ist.

3.4 Projektionen

Ist $\mathbb{L}$ ein UVR des $\mathbb{R}^n$ mit Erzeugendensystem[13] $a^{(1)}, \ldots, a^{(m)}$ und $x \in \mathbb{R}^n$, so versteht man unter der **Projektion** von x auf $\mathbb{L}$

$$proj(x, \mathbb{L}) = z = \alpha_1 a^{(1)} + \cdots + \alpha_m a^{(m)} = A\alpha \in \mathbb{L} \tag{3.20}$$

den Vektor $z \in \mathbb{L}$ mit kleinstem Abstand $\|x - z\|$.

Für $z = proj(x, \mathbb{L})$ gilt $z \perp (z - x)$. (3.21)

Normalgleichungen $z = proj(x, \mathbb{L})$ g.d.w. $z - x \perp a^{(\ell)}\ \forall \ell = 1, \ldots, m$, d.h.

$$\sum_{p=1}^{m} \langle a^{(\ell)}, a^{(p)} \rangle \cdot \alpha_p = \langle a^{(\ell)}, x \rangle, \quad \ell = 1, \ldots, m, \text{bzw. } (A^T A)\alpha = A^T x \tag{3.22}$$

Wenn $a^{(1)}, \ldots, a^{(m)}$ l.u. sind, so ist $A^T A$ invertierbar, und es gilt

$$\alpha = (A^T A)^{-1} A^T x \text{ und } proj(x, \mathbb{L}) = A(A^T A)^{-1} A^T x. \tag{3.23}$$

Orthonormale Projektion Sind $a^{(1)}, \ldots, a^{(m)}$ paarweise orthonormal, dann gilt

$$proj(x, \mathbb{L}) = \langle a^{(1)}, x \rangle a^{(1)} + \cdots + \langle a^{(m)}, x \rangle a^{(m)} \tag{3.24}$$

---

[12] eine Menge $\mathbb{D} \subset \mathbb{R}^n$ ist **beschränkt**, wenn es ein $K > 0$ gibt mit $\mathbb{D} \subseteq [-K; K]^n$. [13] Im Folgenden sei A die aus $a^{(1)}, \ldots, a^{(m)}$ spaltenweise gebildete Matrix.

4 Matrizen

4.1 Regeln für das Rechnen mit Matrizen

Für Matrizen A, B, C und Skalare α, β gelten folgende Regeln[1,2]:

Kommutativ	$A + B = B + A$	**Distributiv-**	$A(B + C) = AB + AC$
gesetze	$(AB)^T = B^T A^T$	**gesetze**	$(A + B)C = AC + BC$
	generell aber $AB \neq BA$		$(\alpha + \beta)A = \alpha A + \beta A$
	$\alpha(AB) = (\alpha A)B = A(\alpha B)$		$\alpha(A + B) = \alpha A + \alpha B$
Assoziativ-	$A + (B + C) = (A + B) + C$		
gesetze	$(AB)C = A(BC)$		

4.2 Quadratische Matrizen

$$\text{Notation: } A = (a_{ij})_{i,j=1\ldots,n} = \begin{pmatrix} a_{11} & a_{12} & \cdots & a_{1n} \\ a_{21} & a_{22} & \cdots & a_{2n} \\ \vdots & & \vdots & \\ a_{n1} & a_{n2} & \cdots & a_{nn} \end{pmatrix} \in \mathbb{R}^{n \times n} \tag{4.1}$$

Hauptdiagonale: Einträge a_{11}, $a_{22}, \ldots,$ a_{nn}.

- **Diagonalmatrix**: $$A = \operatorname{diag}(a_{11}, a_{22}, \ldots, a_{nn}) := \begin{pmatrix} a_{11} & 0 & \cdots & 0 \\ 0 & a_{22} & \cdots & 0 \\ \vdots & & \ddots & \\ 0 & 0 & \ldots & a_{nn} \end{pmatrix} \tag{4.2}$$
- **Einheitsmatrix**: $I_n := \operatorname{diag}(1, \ldots, 1) \in \mathbb{R}^{n \times n}$ (4.3)
  Sofern das jeweilige Matrixprodukt gebildet werden kann, gilt:
  $$I_n \cdot B = B \text{ und } A \cdot I_n = A \tag{4.4}$$

4.3 Inverse Matrix

- **Inverse Matrix** zu $A \in \mathbb{R}^{n \times n}$: Matrix B mit $AB = BA = I_n$, Schreibweise: A^{-1}
- **Invertierbare Matrix**[3]: Eine Matrix A , zu der A^{-1} existiert.

[1]falls die jeweiligen Terme gebildet werden dürfen. [2]sinngemäß auch für den Spezialfall von Zeilen- bzw. Spaltenvektoren. [3]auch: reguläre Matrix. Eine nicht invertierbare Matrix heißt **singulär**.

Berechnung der inversen Matrix Überführe $(A|I_n)$, falls möglich, mit Zeilenumformungen in ZSF $(I_n|B)$. Dann ist A invertierbar[4] und es ist $A^{-1} = B$.

Inverse einer 2×2-Matrix

$$\begin{pmatrix} a & b \\ c & d \end{pmatrix}^{-1} = \frac{1}{ad - bc} \begin{pmatrix} d & -b \\ -c & a \end{pmatrix} \quad \text{(falls } ad - bc \neq 0\text{)} \tag{4.5}$$

Lösung von LGS mit Matrixinversion

$$\text{Für invertierbares } A\text{:} \quad Ax = b \Leftrightarrow x = A^{-1}b \tag{4.6}$$

4.4 Determinanten quadratischer Matrizen

Spezialfälle

- $n = 1$: $\det(a) = a$ (4.7)
- $n = 2$: $\det \begin{pmatrix} a & b \\ c & d \end{pmatrix} = ad - bc$ (4.8)
- $n = 3$, **Sarrus-Regel**:

$$\det \begin{pmatrix} a_{11} & a_{12} & a_{13} \\ a_{21} & a_{22} & a_{23} \\ a_{31} & a_{32} & a_{33} \end{pmatrix} = \begin{aligned} & a_{11}a_{22}a_{33} + a_{12}a_{23}a_{31} + a_{21}a_{32}a_{13} \\ & - a_{31}a_{22}a_{13} - a_{21}a_{12}a_{33} - a_{32}a_{23}a_{11} \end{aligned} \tag{4.9}$$

- Obere bzw. untere **Dreiecksmatrix**:

$$\det \begin{pmatrix} d_{11} & * & * \\ 0 & \ddots & * \\ 0 & 0 & d_{nn} \end{pmatrix} = \det \begin{pmatrix} d_{11} & 0 & 0 \\ * & \ddots & 0 \\ * & * & d_{nn} \end{pmatrix} = d_{11} \cdots d_{nn} \tag{4.10}$$

Determinante und Zeilenumformungen

$$\det(A) = (-1)^k \det(B)/c \tag{4.11}$$

wenn man A mit Zeilenumformungen[5] in B überführt[6] und

- k die Anzahl der Vertauschungen **(ZV)** und
- c das Produkt der Faktoren der Multiplikationen **(ZM)** ist,

Determinantenberechnung durch Entwicklung

- nach Zeile[7] i: $\det(A) = \sum_{\ell=1}^{n} (-1)^{i+\ell} a_{i\ell} \det(A_{i\ell})$ (4.12)
- nach Spalte[7] j: $\det(A) = \sum_{k=1}^{n} (-1)^{k+j} a_{kj} \det(A_{kj})$ (4.13)

[4]Falls die Überführung nicht möglich ist, so ist A singulär. [5]zu Zeilenumformungen vgl. S.17. [6]z.B. in eine Dreiecksmatrix [7]$A_{k\ell}$ erhält man jeweils durch Streichen der k-ten Zeile und ℓ-ten Spalte aus A.

Weitere Regeln für quadratische Matrizen A, B

- Transposition: $\det(A^T) = \det(A)$ (4.14)
- Blockmatrix: $\det \begin{pmatrix} A & * \\ 0 & B \end{pmatrix} = \det \begin{pmatrix} A & 0 \\ * & B \end{pmatrix} = \det(A)\det(B)$ (4.15)
- Matrixprodukt[8]: $\det(AB) = \det(A)\det(B)$ (4.16)

4.5 Anwendungen der Determinante

Prüfung auf Invertierbarkeit Eine quadratische Matrix A ist invertierbar genau dann, wenn ihre Determinante $\det(A)$ ungleich Null ist.

Cramer'sche Regel Die Lösung des LGS $Ax = b$ mit invertierbarer Matrix $A \in \mathbb{R}^{n\times n}$ ist $x = (x_1, \ldots, x_n)^T$ mit[9] $x_j = \det(A_j)/\det(A)$

Eigenwerte

- **Charakteristisches Polynom** von $A \in \mathbb{R}^{n\times n}$: $p(\lambda) = \det(A - \lambda I_n)$. (4.17)

  Das charakteristische Polynom von $A \in \mathbb{R}^{n\times n}$ hat Grad n.
- **Eigenwert** von A: Nullstelle des charakteristischen Polynoms- (4.18)
- **Eigenvektor** von A zum Eigenwert λ: Ein Vektor $x \neq \bar{0}$ mit $Ax = \lambda x$ (4.19)
- **Eigenraum** von A zum Eigenwert λ: Der UVR $Kern(A - \lambda I_n) \neq \{\bar{0}\}$ (4.20)

4.6 Symmetrische Matrizen

Eine Matrix H heißt **symmetrisch**, wenn $H^T = H$

Eigenwerte symmetrischer Matrizen $H \in \mathbb{R}^{n\times n}$ sind ausschließlich reelle Zahlen $\lambda_1, \ldots, \lambda_n$ (mit Vielfachheit gerechnet[10]). Das charakteristische Polynom hat die Form

$$\det(H - \lambda I_n) = (-1)^n(\lambda - \lambda_1)\cdots(\lambda - \lambda_n) \quad (4.21)$$

Eigenvektoren zu verschiedenen Eigenwerten sind bei einer symmetrischen Matrix H orthogonal. Zu den Eigenwerten $\lambda_1, \ldots, \lambda_n$ von H gibt es paarweise orthonormale Eigenvektoren $x^{(1)}, \ldots, x^{(n)}$. Setzt man diese zu einer Matrix $M = (x^{(1)}, \ldots, x^{(n)})$ zusammen, so gilt $M^T \cdot M = I_n$ und die **Hauptachsentransformation**

$$H = M \cdot \operatorname{diag}(\lambda_1, \ldots, \lambda_n) \cdot M^T \quad (4.22)$$

[8] sofern dieses gebildet werden kann. [9] Dabei entsteht A_j aus A durch Ersetzen der j-ten Spalte mit b. [10] Bei den Werten $\lambda_1, \ldots, \lambda_n$ können Wiederholungen auftreten.

4.7 Definitheit

Eine symmetrische Matrix $H \in \mathbb{R}^{n \times n}$ heißt

- **positiv definit** g.d.w. $\langle x, Hx \rangle = x^T Hx > 0 \quad \forall x \in \mathbb{R}^n, x \neq \bar{0}$ (4.23)
- **positiv semidefinit** g.d.w. $\langle x, Hx \rangle \geq 0 \quad \forall x \in \mathbb{R}^n$ (4.24)

H heißt negativ (semi-)definit, wenn $-H$ positiv (semi-)definit ist[11]. Eine weder positiv semidefinite noch negativ semidefinite Matrix heißt **indefinit**.

Determinantenkriterium für Definitheit **Hauptuntermatrizen** H_ℓ und **Hauptminoren** (Hauptunterdeterminanten) δ_ℓ einer symmetrischen $n \times n$-Matrix H sind

$$H_\ell = \begin{pmatrix} h_{11} & \dots & h_{1\ell} \\ \vdots & & \vdots \\ h_{\ell 1} & \dots & h_{\ell\ell} \end{pmatrix}, \qquad \delta_\ell(H) := \det(H_\ell) \quad \ell = 1, \dots, n \tag{4.25}$$

Determinantenkriterium: H ist positiv definit $\Leftrightarrow \delta_\ell(H) > 0 \quad \forall \ell$ (4.26)

Spezielles Kriterium für $2x2$-Matrizen: $\begin{pmatrix} a & b \\ b & c \end{pmatrix}$ ist pos. (bzw. neg.) semidefinit für $ac - b^2 = 0$ und $a > 0$ (bzw. $a < 0$). (4.27)

Allgemeiner Fall: Ist ein Hauptminor Null, so gelten nur Ausschlusskriterien: H ist

- indefinit, wenn $\exists \ell \in \{2, 4, 6, \dots\}$ mit $\delta_\ell(H) < 0$.
- nicht positiv definit, wenn $\exists \ell \in \{1, 3, \dots\}$ mit $\delta_\ell(H) < 0$.

Eigenwertkriterium H ist positiv (semi)definit $\Leftrightarrow$ alle Eigenwerte sind > 0 (≥ 0)

Eingeschränkte Definitheit Es sei $G \in \mathbb{R}^{r \times n}$. H heißt[12] **positiv definit unter** $Gx = \bar{0}$, wenn

$$\langle x, Hx \rangle > 0 \quad \forall x \in \mathbb{R}^n \text{ mit } x \neq \bar{0} \text{ und } Gx = \bar{0} \tag{4.28}$$

- **Reduktionskriterium**: (4.29)
  Setze eine Basis von $Kern(G)$ zu einer Matrix A zusammen. H ist positiv/negativ (semi-)definit unter $Gx = \bar{0}$ g.d.w. $A^T HA$ ist positiv/negativ (semi-)definit.
- **Determinantenkriterium**: (4.30)
  Wenn alle Hauptminoren der Blockmatrix $\begin{pmatrix} 0 & G \\ G^T & H \end{pmatrix}$ zu einer Zeilen- und Spaltenzahl größer als $2r$ das Vorzeichen $(-1)^r$ haben, dann ist H positiv definit unter $Gx = \bar{0}$.

[11] d.h. zur Überprüfung von negativer Definitheit die nachfolgenden Kriterien auf $-H$ anzuwenden.
[12] sinngemäß: semidefinit und negativ definit unter $Gx = \bar{0}$

5 Folgen und Reihen

5.1 Folgen in den Wirtschaftswissenschaften

Eine (Zahlen-)**Folge**[1] $(a_n)_{n\in\mathbb{N}_0}$ ist eine Funktion mit Definitionsbereich $\mathbb{N}_0$ und Wertebereich $\mathbb{R}$,

$$n \mapsto a_n \in \mathbb{R}, \quad n \in \mathbb{N}_0 \tag{5.1}$$

a_n heißt **Folgenglied** bzw. **Folgenterm** zum **Folgenindex** n.
Unter einer **Punktfolge** (im $\mathbb{R}^k$) versteht man eine Folge $(a^{(n)})_{n\in\mathbb{N}_0}$ von Vektoren

$$a^{(n)} = (a_1^{(n)}, \dots, a_k^{(n)})^T \in \mathbb{R}^k \tag{5.2}$$

festgelegt durch k **Koordinatenfolgen** $(a_1^{(n)})_{n\in\mathbb{N}_0}, \dots, (a_k^{(n)})_{n\in\mathbb{N}_0}$.

Summen- und Differenzenfolge Einer Folge $(a_n)_{n\in\mathbb{N}_0}$ zugeordnet sind die

- **(Partial-)Summenfolge**[2] $n \mapsto s_n := \sum_{j=0}^{n} a_j := a_0 + a_1 + \cdots + a_n$ (5.3)
- **Differenzenfolge** $n \mapsto \Delta a_n := a_n - a_{n-1}$ (5.4)

Indexverschiebung: $\sum_{j=m}^{n} a_j = \sum_{j=0}^{n-m} a_{j+m} \; \forall m \in \mathbb{N}_0$ (5.5)

Darstellungsformen

- **explizites** Bildungsgesetz $n \mapsto a_n$ (**Folgenterm**),
- **implizites/rekursives** Bildungsgesetz $a_{n+k} = h(a_n, a_{n+1}, \dots, a_{n+k-1})$ mit einer Funktion $h : \mathbb{D} \subseteq \mathbb{R}^k \to \mathbb{R}$. Mit $a_0, \dots, a_{k-1}$ gehen weitere Folgenglieder jeweils aus den k vorangehenden hervor.

Monotone Folgen

$(a_n)_{n\in\mathbb{N}_0}$ heißt	wenn für alle $n \in \mathbb{N}_0$ gilt	
monoton wachsend (isoton):	$a_n \leq a_{n+1}$	(5.6)
streng monoton wachsend (streng isoton):	$a_n < a_{n+1}$	(5.7)
monoton fallend (antiton):	$a_n \geq a_{n+1}$	(5.8)
streng monoton fallend (streng antiton):	$a_n > a_{n+1}$	(5.9)

[1] Eine Folge kann als „unendlich langes" Tupel $(a_0, a_1, a_2, \dots)$ aufgefasst werden. [2] sinngemäß $\sum_{j=m}^{n} a_j := a_m + a_{m+1} + \cdots + a_n$

Beschränktheit Eine Folge $(a_n)_{n\in\mathbb{N}_0}$ heißt

- **nach oben beschränkt**, wenn es $O \in \mathbb{R}$ gibt, so dass $\forall n \in \mathbb{N}_0\ a_n \leq O$ (5.10)
- **nach unten beschränkt**, wenn es $U \in \mathbb{R}$ gibt, so dass $\forall n \in \mathbb{N}_0\ a_n \geq U$ (5.11)
- **beschränkt**, wenn sie nach oben und unten beschränkt ist. (5.12)

Eine Punktfolge heißt beschränkt, wenn ihre Koordinatenfolgen beschränkt sind.

Folgen in der Ökonomie Der Folgenindex n steht in der Ökonomie oft für Zeitpunkte am Ende oder Anfang einer Periode. Folgen beschreiben z.B. die Entwicklung/den Zuwachs eines Kapitals, Preisentwicklungen, Angebots- oder Nachfragebereitschaften. Summenfolgen setzt man zur Untersuchung von Saldi, Differenzenfolgen bei Trendanalysen ein. Je nach Kontext werden Folgen oft auch für Indexbereiche $\mathbb{N}$ oder oder $\mathbb{Z}$ oder $\mathbb{N}_k = \{k, k+1, k+2, \dots\}$ mit $k \in \mathbb{Z}$ erklärt[3].

5.2 Grenzwerte

Konvergenz Eine Folge $(a_n)_{n\in\mathbb{N}_0}$ heißt **konvergent** mit **Grenzwert** $a \in \mathbb{R}$, wenn für jedes $\epsilon > 0$ fast alle[4] Folgenglieder im Intervall $]a-\epsilon; a+\epsilon[$ liegen, d.h. mit einem (von ϵ abhängigen) $N_0 = N_0(\epsilon)$ gilt:

$$|a_n - a| < \epsilon \quad \text{für alle } n \geq N_0 \tag{5.13}$$

Für den Grenzwert a schreibt man dann $\lim\limits_{n\to\infty} a_n = a$. (5.14)

Eine konvergente Folge mit Grenzwert Null heißt **Nullfolge**. Eine nicht konvergente Folge heißt **divergent**. Man schreibt

$$\lim_{n\to\infty} a_n = \infty \text{ bzw. } \lim_{n\to\infty} a_n = -\infty \tag{5.15}$$

wenn $a_n > 0$ bzw. $a_n < 0$ für fast alle n und $\lim\limits_{n\to\infty} 1/a_n = 0$.

Eine Punktfolge $(a^{(n)})_{n\in\mathbb{N}_0} = ((a_1^{(n)}, \dots, a_k^{(n)})^T)_{n\in\mathbb{N}_0}$ heißt konvergent mit Grenzwert $a = (a_1, \dots, a_k)^T \in \mathbb{R}^k$, wenn ihre k Koordinatenfolgen konvergent mit Grenzwerten $a_1, \dots, a_k$ sind.

Beschränktheit und Konvergenz Eine konvergente Folge ist beschränkt. Eine monotone und beschränkte Folge ist konvergent.

Grenzwertsätze Gilt $\lim_{n\to\infty} a_n = a$ und $\lim_{n\to\infty} b_n = b$, so folgt:

- $\lim\limits_{n\to\infty} (a_n \pm b_n) = a \pm b$, (5.16)
- $\lim\limits_{n\to\infty} (a_n b_n) = ab$, (5.17)
- $\lim\limits_{n\to\infty} (a_n / b_n) = a/b$ (sofern $b \neq 0$). (5.18)

---

[3] die folgenden Sachverhalte übertragen sich sinngemäß auf solche Index-Bereiche. [4] d.h. alle bis auf endlich viele

Unendliche Reihe zu einer Folge $(a_n)_{n\in\mathbb{N}_0}$ mit[5] $s_n := \sum_{j=0}^{n} a_j$ ist $\sum_{j=0}^{\infty} a_j$ der Grenzwert

$$\sum_{j=0}^{n} a_j = \lim_{n\to\infty} s_n \tag{5.19}$$

Konvergenzkriterien für Reihen $\sum_{j=0}^{\infty} a_j$ ist konvergent in folgenden Fällen

- **Majorantenkriterium**: Falls $|a_j| \leq |b_j| \forall j$ und $\sum_{j=0}^{\infty} |b_j| < \infty$ (5.20)
- **Quotientenkriterium**: Falls mit $q \in]0;1[$ gilt $|\frac{a_{n+1}}{a_n}| \leq q$ für fast alle n (5.21)
- **Quotientengrenzwertkriterium**: Falls $\lim_{n\to\infty} |\frac{a_{n+1}}{a_n}| < 1$ (5.22)

5.3 Spezielle Folgen

Arithmetische Folge

explizit: $a_n = \alpha_0 + \alpha_1 n$ (5.23)

implizit: $a_0 = \alpha_0, \quad a_{n+1} = a_n + \alpha_1$ für $n > 0$ (5.24)

Eine arithmetische Folge ist

- konstant für $\alpha_1 = 0$
- streng monoton wachsend für $\alpha_1 > 0$
- streng monoton fallend für $\alpha_1 < 0$

Eine arithmetische Folge hat die

- Differenzenfolge $\Delta a_n = \alpha_1$ (5.25)
- Partialsummenfolge
  $s_n = \alpha_0(n+1) + \alpha_1 \frac{n(n+1)}{2}$ (5.26)

Ganzrationale bzw. rationale Folge vom **Grad** k ist eine Folge mit dem expliziten Bildungsgesetz

$$n \mapsto a_n = \alpha_0 + \alpha_1 n + \alpha_2 n^2 + \cdots + \alpha_k n^k \tag{5.27}$$

mit $\alpha_0, \ldots, \alpha_k \in \mathbb{R}$ und[6] $\alpha_k \neq 0$.

Eine ganzrationale Folge ist divergent für $k > 0$, ihre Differenzen- bzw. Partialsummenfolge ist rational vom Grad $k-1$ bzw. $k+1$. Neben (5.25) lauten weitere spezielle Summen:

- $\sum_{j=0}^{n} j = \frac{n(n+1)}{2}$ (5.28)
- $\sum_{j=0}^{n} j^2 = \frac{n(n+1)(2n+1)}{6}$ (5.29)
- $\sum_{j=0}^{n} j^3 = \frac{n^2(n+1)^2}{4}$ (5.30)
- $\sum_{j=0}^{n} j^4 = \frac{n(n+1)(2n+1)(3n^2+3n-1)}{30}$ (5.31)

[5] $(s_n)_{n\in\mathbb{N}_0}$ heißt **Partialsummenfolge**

[6] Im Fall Grad 0 ist auch $\alpha_0 = 0$, d.h. $a_n = 0 \forall n$ möglich.

Gebrochen-rationale Folge hat das explizite Bildungsgesetz

$$n \mapsto a_n = p_n/q_n \tag{5.32}$$

wobei $p_n = \alpha_0 + \alpha_1 n + \cdots + \alpha_k n^k$ bzw. $q_n = \beta_0 + \beta_1 n + \cdots + \beta_k n^\ell$ ganzrationale Folgen vom Grad k bzw. ℓ sind. Sie ist divergent für $k > \ell$ und konvergent mit Grenzwert 0 für $k < \ell$ bzw. α_k/β_k für $k = \ell$

Geometrische Folge

explizit $n \mapsto a_n = c \cdot p^n, \quad n \in \mathbb{N}_0$, mit $p \in \mathbb{R}$, $c \in \mathbb{R}, c \neq 0$ (5.33)

implizit $a_0 = c, \quad a_n = a_{n-1} \cdot p$ für $n > 0$ (5.34)

- Nullfolge für $|p| < 1$
- divergent für $|p| > 1$
- **Geometrische Summe** $(p \neq 1, 0 \leq k \leq n)$: $\sum_{j=k}^{n} p^j = \frac{p^k - p^{n+1}}{1-p}$ (5.35) $\sum_{j=k}^{\infty} p^j = \frac{p^k}{1-p}$

  (5.36)

Lineare Differenzengleichung erster Ordnung Für $(a_n)_{n \in \mathbb{N}_0}$ mit Startwert a_0 und $\Delta a_n = a_n - a_{n-1} = a + b a_{n-1}$(mit $b \neq 0$) gilt

$$a_n = a_0(1+b)^n + \frac{a}{b}((1+b)^n - 1) \tag{5.37}$$

5.4 Potenzreihen

Eine **Potenzreihe (erzeugende Funktion** von $(a_n)_{n \in \mathbb{N}_0}$) ist eine unendliche Reihe

$$f(x) = \sum_{j=0}^{\infty} a_j x^j, \quad x \in \mathbb{R} \tag{5.38}$$

Konvergenzkriterium Ist $n \mapsto a_n r^n$ beschränkt für ein $r > 0$, so konvergiert die Potenzreihe (5.38) für $|x| < r$.

Ableiten von Potenzreihen Konvergiert $f(x) = \sum_{j=0}^{\infty} a_j x^j$ für $|x| < r$, so ist f für $|x| < r$ differenzierbar, und es gilt[7]

$$f'(x) = \sum_{j=0}^{\infty} j \cdot a_j x^{j-1} \quad \forall x \in]-r; r[\tag{5.39}$$

[7] d.h. eine konvergente Potenzreihe darf gliedweise abgeleitet werden, um ihre Ableitung nach x zu berechnen.

Koeffizientenvergleich Falls mit $r_1, r_2 \in \mathbb{R}$, $r_1 < r_2$ gilt $\sum_{n=0}^{\infty} a_n x^n = \sum_{n=0}^{\infty} b_n x^n < \infty$ für alle $x \in]r_1; r_2[$, so gilt $a_n = b_n \; \forall n \in \mathbb{N}_0$.

Wichtige Potenzreihen und Bereiche, in denen sie konvergieren

Geometrische Reihe	$\sum_{j=0}^{\infty} x^j = \frac{1}{1-x}, \quad \sum_{j=k}^{\infty} x^j = \frac{x^k}{1-x}$	$\lvert x\rvert < 1$	(5.40)
	$\sum_{j=0}^{\infty} j \cdot x^j = \frac{x}{(1-x)^2}$	$\lvert x\rvert < 1$	(5.41)
	$\sum_{j=0}^{\infty} j^2 \cdot x^j = \frac{x(1+x)}{(1-x)^3}$	$\lvert x\rvert < 1$	(5.42)
	$\sum_{j=0}^{\infty} j^3 \cdot x^j = \frac{x(1+4x+x^2)}{(1-x)^4}$	$\lvert x\rvert < 1$	(5.43)
Exponentialreihe	$e^x = 1 + x + \frac{x^2}{2} + \frac{x^3}{6} + \cdots$	$x \in \mathbb{R}$	(5.44)
eulersche Zahl	$e = 1 + \frac{1}{2} + \frac{1}{6} + \frac{1}{24} + \cdots \approx 2,718\ldots$		(5.45)
Logarithmusreihe	$\ln(1+x) = x - \frac{x^2}{2} + \frac{x^3}{3} \mp \cdots$	$\lvert x\rvert < 1$	(5.46)
Sinusreihe	$\sin(x) = x - \frac{x^3}{6} + \frac{x^5}{120} \mp \cdots$	$x \in \mathbb{R}$	(5.47)
Cosinusreihe	$\cos(x) = 1 - \frac{x^2}{2} + \frac{x^4}{24} \mp \cdots$	$x \in \mathbb{R}$	(5.48)
Binomische Reihe	$(1+x)^\alpha = \sum_{j=1}^{\infty} \binom{\alpha}{j} x^k$	$\lvert x\rvert < 1$	(5.49)
Binomialkoeffizient	$\binom{\alpha}{j} := \frac{\alpha(\alpha-1)\cdots(\alpha-j+1)}{j!} \quad \forall j \in \mathbb{N}, \binom{\alpha}{0} := 1$	$\alpha > 0$	(5.50)

5.5 Finanzmathematische Folgen und Reihen

Kapitalentwicklung bei **nachschüssiger** Rechnung[8] (**implizite Form**):

$$K_n = q_n K_{n-1} + r_n \tag{5.51}$$

mit **Startkapital** K_0, **Zinsfaktor** $q_n = 1 + \frac{p_n}{100}$, **Zinsfuß** $p_n > 0$, Ein-/Auszahlungen r_n

Explizite Kapitalformel Wenn Zinsfaktor $q = 1 + \frac{p}{100}$ und Ein-/Auszahlung r unabhängig von n sind:

$$K_n = K_0 \cdot q^n + r \cdot \frac{q^n - 1}{q - 1}, \quad n \in \mathbb{N}_0 \tag{5.52}$$

[8] Ein-/Auszahlung am Ende einer Zinsperiode – es wird nur die nachschüssige Rechnung behandelt.

Zinseszinsrechnung Für $r=0$ und konstanten Zinsfuß $p_n = p$

$$K_n = K_0(1+p/100)^n, \quad n \in \mathbb{N}_0 \tag{5.53}$$

Unterjährige Verzinsung mit m Perioden pro Jahr, Jahreszinsfuß p und Periodenzinsfuß $p_m = p/m$. Kapital nach einem Jahr ist

$$K_{1m} = K_0(1+p_m/100)^m \tag{5.54}$$

Stetige Verzinsung mit Jahreszinsfuß p nach einem Jahr

$$K = K_0 \cdot \lim_{m\to\infty}(1+\frac{p/100}{m})^m = K_0 \cdot e^{p/100} \tag{5.55}$$

Rentenrechnung Kapitalentwicklung bei Auszahlung $r_n > 0$

- implizit: $K_n = q_n K_{n-1} - r_n$ (5.56)
- bei $q_n = q, r_n = r$ explizit: $K_n = K_0 \cdot q^n - r \cdot \frac{q^n-1}{q-1}$ (5.57)

ewige Rente für $K_0(q-1) \geq r$, anderenfalls beträgt die Laufzeit

- $n = -\log_q(1 - \frac{K_0(q-1)}{r})$ Perioden bei Rente r, (5.58)
- n Perioden bei Rente $r = K_0(q-1)\frac{q^n}{q^n-1}$. (5.59)

Endwert einer Gegenwartszahlung $r > 0$ nach n identischen Zinsperioden

$$r \cdot q^{n-1} \tag{5.60}$$

Rentenendwert von n solchen Zahlungen ist

$$\sum_{j=0}^{n-1} rq^j = r\frac{q^n-1}{q-1} \tag{5.61}$$

Barwert einer in Periode n getätigten Zahlung $r > 0$ ist r/q^n.

Rentenbarwert der ewigen nachschüssigen Rente $r > 0$

$$PV_e = (r/q + r/q^2 + \cdots) = \frac{r}{q-1} = \frac{r}{p/100} \tag{5.62}$$

Rentenbarwert einer n-maligen nachschüssigen Rente $r > 0$

$$PV = PV_e\,(1 - 1/q^n) \tag{5.63}$$

Kapitalwert ist Barwert einer Investition, d.h.

$$NPV := -I + \sum_{j=1}^{n} r_j/q^j + \ell/q^n \tag{5.64}$$

mit Investitionsbetrag $I > 0$, Rückflüssen $r_1 > 0, \ldots, r_n > 0$ und Liquidationserlös $\ell > 0$ (nach Periode n). Bei konstanten Rückflüssen $r_j = r > 0$ und konstantem Zinsfaktor q ist

$$NPV = -I + \frac{r}{q^n} \cdot \frac{q^n-1}{q-1} + \frac{\ell}{q^n} \tag{5.65}$$

Interner Zinsfuß einer Investition ist der Zinsfuß $p = 100(q-1)$, mit $NPV = 0$.

6 Funktionen einer Variable

6.1 Allgemeine Sprechweisen und Eigenschaften

Im folgenden sei $f : \mathbb{D} \to \mathbb{R}$ eine Funktion einer Variable mit Definitionsbereich[1] $\mathbb{D} = [a; b]$.

Graph einer Funktion Menge aller Punkte $(x, f(x))$ mit $x \in \mathbb{D}$, d.h. die Menge

$$G_f = \{(x|f(x) : x \in \mathbb{D}\} = \{(x|y) : x \in \mathbb{D}, y = f(x)\} \tag{6.1}$$

Die Darstellung von G_f in einem **Koordinatensystem** heißt ebenfalls Graph von f.

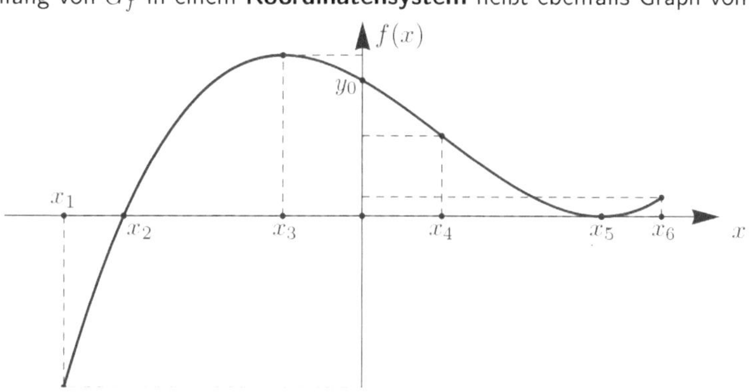

Bezeichnungen: Abszisse/Ordinate (horizontale/vertikale Achse). **Ordinatenabschnitt** (im Schaubild: y_0), **Ursprung** $(0|0)$ (Schnittpunkt von Abszisse und Ordinate).

Nullstelle von f: ein $x \in \mathbb{D}$ mit $f(x) = 0$. Im Schaubild: x_2, x_5

Newton-Verfahren Für differenzierbares f lässt sich eine Nullstelle x_0 als Grenzwert der Folge $(a_n)_{n \in \mathbb{N}_0}$ approximieren mit Startwert $a_0 \in \mathbb{D}$ ausreichend nahe bei x_0 und

$$a_{n+1} = a_n - f(a_n)/f'(a_n), \quad n \in \mathbb{N}_0 \tag{6.2}$$

Monotonie[2]

f heißt	wenn für alle $t_1 < t_2$ gilt	
monoton wachsend (isoton)	$f(t_1) \leq f(t_2)$	(6.3)
streng monoton wachsend (streng isoton)	$f(t_1) < f(t_2)$	(6.4)
monoton fallend (antiton)	$f(t_1) \geq f(t_2)$	(6.5)
streng monoton fallend (streng antiton)	$f(t_1) > f(t_2)$	(6.6)

[1] Die nachfolgenden Begriffe, Aussagen übertragen sich sinngemäß auf Definitionsbereiche der Form $]a; b[$, $]-\infty; b]$, $[a; \infty[$, $]-\infty; \infty[$ usw. [2] Im Schaubild S.35 ist f in $[x_1; x_3]$ und $[x_5; x_6]$ (streng) isoton, in $[x_3; x_5]$ (streng) antiton.

Überprüfung der Monotonie: Falls f auf $\mathbb{D} =]a;b[$ differenzierbar ist, so gilt:

- Schluss auf f-Monotonie:

Wenn $\forall x \in \mathbb{D}$	dann ist f	
$f'(x) \geq 0$	isoton	(6.7)
$f'(x) > 0$	streng isoton	(6.8)
$f'(x) \leq 0$	antiton	(6.9)
$f'(x) < 0$	streng antiton	(6.10)

- Schluss auf f'-Vorzeichenverhalten:

Wenn f	dann gilt $\forall x \in \mathbb{D}$	
isoton ist	$f'(x) \geq 0$	(6.11)
antiton ist	$f'(x) \geq 0$	(6.12)

- Spezialfall „konstante Funktion":
  f konstant $\Leftrightarrow f'(x) = 0 \; \forall x \in \mathbb{D}$ (6.13)

Krümmungsverhalten[3]

f heißt	wenn $\forall t_1, t_2 \in \mathbb{D}$ mit $t_1 \neq t_2$, $\forall \lambda \in]0;1[$ gilt:	
konvex	$f(\lambda t_1 + (1-\lambda)t_2) \leq \lambda f(t_1) + (1-\lambda) f(t_2)$	(6.14)
streng konvex	$f(\lambda t_1 + (1-\lambda)t_2) < \lambda f(t_1) + (1-\lambda) f(t_2)$	(6.15)
konkav	$f(\lambda t_1 + (1-\lambda)t_2) \geq \lambda f(t_1) + (1-\lambda) f(t_2)$	(6.16)
streng konkav	$f(\lambda t_1 + (1-\lambda)t_2) > \lambda f(t_1) + (1-\lambda) f(t_2)$	(6.17)

Überprüfung der Krümmung: Wenn f auf $\mathbb{D} =]a;b[$ zweimal differenzierbar ist, so gilt:

- Schluss auf f-Krümmung:

Wenn $\forall x \in \mathbb{D}$	dann ist f	
$f''(x) \geq 0$	konvex	(6.18)
$f''(x) > 0$	streng konvex	(6.19)
$f''(x) \leq 0$	konkav	(6.20)
$f''(x) < 0$	streng konkav	(6.21)

- Schluss auf f''-Vorzeichenverhalten:

Wenn f	dann gilt $\forall x \in \mathbb{D}$	
konvex ist	$f''(x) \geq 0$	(6.22)
konkav ist	$f''(x) \geq 0$	(6.23)

- Spezialfall „lineare Funktion":
  f linear $\Leftrightarrow f''(x) = 0 \; \forall x \in \mathbb{D}$ (6.24)

lokale und globale Extrema[4]

f hat in $x \in \mathbb{D}$ ein	wenn $\forall \tilde{x} \in \mathbb{D}$ gilt	
(globales bzw. absolutes) Minimum	$f(x) \leq f(\tilde{x})$	(6.25)
(globales bzw. absolutes) Maximum	$f(x) \geq f(\tilde{x})$	(6.26)

f hat in $x \in \mathbb{D}$ ein	wenn $\exists \epsilon > 0 \forall \tilde{x} \in \mathbb{D}$ mit $\lvert\tilde{x} - x\rvert < \epsilon$ gilt	
lokales Minimum	$f(x) \leq f(\tilde{x})$	(6.27)
lokales Maximum	$f(x) \geq f(\tilde{x})$	(6.28)

Extremum ist Oberbegriff für Minimum bzw. Maximum.

Notwendige Bedingung für ein lokales Extremum einer differenzierbaren Funktion in einem offenen Intervall $\mathbb{D} =]a;b[$:

- f hat in $x \in \mathbb{D}$ ein lokales Extremum $\Rightarrow f'(x) = 0$ (6.29)

Hinreichende Bedingungen für lokales Extremum von f in $x \in]a;b[$ mit $f'(x) = 0$:

- **Bedingung erster Ordnung**: Mit $\mathbb{D}' =]x-\delta; x+\delta[$ mit (geeignet kleinem) $\delta > 0$:

Wenn $\forall \tilde{x} \in \mathbb{D}'$	Art des Extremums von f	
$f'(\tilde{x})(\tilde{x} - x) \geq 0$	lokales Minimum	(6.30)
$f'(\tilde{x})(\tilde{x} - x) \leq 0$	lokales Maximum	(6.31)

[3] Im Schaubild S.35 ist f in $[x_1; x_4]$ (streng) konkav, in $[x_4; x_6]$ (streng) konvex.

[4] Im Schaubild S.35 hat f bezogen auf $\mathbb{D} = [x_1; x_6]$ in x_1 ein globales Minimum und in x_3 ein globales Maximum sowie in x_3, x_6 lokale Maxima und in x_1, x_5 lokale Minima.

- **Bedingung zweiter Ordnung** für $2\times$differenzierbares f:

Wenn	Art des Extremums von f	
$f''(x) > 0$	lokales Minimum	(6.32)
$f''(x) < 0$	lokales Maximum	(6.33)

Extrema für konvexes/konkaves f**:** Für differenzierbares f und $x \in \mathbb{D}$ mit $f'(x) = 0$:

Wenn	Art des Extremums von f in x	
f auf $\mathbb{D}$ konvex und $f'(x) = 0$	globales Minimum	(6.34)
f auf $\mathbb{D}$ konkav und $f'(x) = 0$	globales Maximum	(6.35)

Randwertvergleich f stetig, mit kleinstem lok. Minimum u, größtem lok. Maximum v und[5]: $g_1 := \lim_{x\to-\infty} f(x)$, $g_2 := \lim_{x\to\infty} f(x)$, $x \vee y = \max(x, y)$, $x \wedge y = \min(x, y)$

Das	Minimum liegt in	wenn	Maximum liegt in	wenn	
$\mathbb{D} = [a; b]$	$\{u, a, b\}$		$\{u, a, b\}$		(6.36)
$\mathbb{D} = \mathbb{R}$	u	$g_1 \wedge g_2 \geq f(u)$	v	$g_1 \vee g_2 \leq f(v)$	(6.37)
$\mathbb{D} = [a; \infty[$	$\{u, a\}$	$g_2 \geq f(u) \wedge f(a)$	$\{v, a\}$	$g_2 \leq f(v) \vee f(a)$	(6.38)
$\mathbb{D} =]-\infty; b]$	$\{u, b\}$	$g_1 \geq f(u) \wedge f(b)$	$\{v, b\}$	$g_1 \leq f(v) \vee f(b)$	(6.39)

Wendestellen $x \in \mathbb{D}$ heißt **Wendestelle** von f, wenn es ein $\delta > 0$ gibt, so dass f auf $]x - \delta; x]$ und $[x; x + \delta[$ unterschiedliches Krümmungsverhalten hat[6,7].

Notwendige Bedingung bei $2\times$differenzierbarem f:

- f hat in $x \in \mathbb{D}$ Wendestelle $\Rightarrow f''(x) = 0$ (6.40)

Hinreichende Bedingung bei $3\times$differenzierbarem f:

- $f''(x) = 0$ und $f'''(x) \neq 0 \Rightarrow f$ hat in $x \in \mathbb{D}$ Wendestelle. (6.41)

6.2 Rationale Funktionen

Ganzrationale Funktionen

Normalform	$f(x) = p(x) = a_0 + a_1x + \cdots + a_nx^n$ mit $a_n \neq 0$	(6.42)
Linearform	$p(x) = a_n(x - x_1)\cdots(x - x_n)$ mit $a_n \neq 0$	(6.43)
Grad	n	(6.44)
Leitkoeffizient	a_n	(6.45)
normiertes Polynom	ein Polynom mit Leitkoeffizient 1	(6.46)
Monom (vom Grad n)	$p(x) = x^n$	(6.47)
Faktorisierung	$p(x) = p_1(x) \cdot p_2(x)$ mit Polynomen p_1, p_2	(6.48)

Polynome vom Grad $n = 0$ sind konstant. Hier ist auch $a_0 = 0$ möglich.

[5] es sei angenommen, dass die in den Aussagen genannten Grenzwerte jeweils existieren. [6] d.h. Wechsel von streng konvex nach streng konkav oder umgekehrt. [7] Im Schaubild S.35 ist x_4 eine Wendestelle von f.

Spezialfall lineare Funktion ($n = 1$)

Normalform	$f(x) = ax + b$	(6.49)
Punkt-Steigungs-Form	$f(x) = a(x - x_0) + y_0$ mit $(x_0\|y_0) \in G_f$	(6.50)
Linearform	$f(x) = a(x - x_1)$ mit $x_1 = -\frac{b}{a}$	(6.51)

Spezialfall quadratische Funktion ($n = 2$)

Normalform	$f(x) = ax^2 + bx + c = a(x^2 + px + q)$ mit $p = b/a$, $q = c/a$	(6.52)
Scheitelpunktform	$f(x) = a(x - x_0)^2 + y_0$	(6.53)
Scheitelpunkt	$(x_0\|y_0) = (-\frac{b}{2a}\|c - \frac{b^2}{4a})$	(6.54)
Linearform	$f(x) = a(x - x_1)(x - x_2)$ (nur für $D = p^2/4 - q \geq 0$)	(6.55)
	mit $x_{1,2} = -\frac{p}{2} \pm \sqrt{D}$	

Spezialfall kubische bzw. ertragsgesetzliche Funktion. ($n = 3$)

Normalform	$f(x) = ax^2 + bx + cx + d$	(6.56)
	$= a(x^3 + Ax^2 + Bx + C)$ mit $A = \frac{b}{a}$, $B = \frac{c}{a}$, $C = \frac{d}{a}$	
reduzierte Form	$f(x) = a(z^3 + pz + q)$	(6.57)
	mit $z = x + \frac{A}{3}$, $p = B - \frac{A^2}{3}$, $q = \frac{2A^3}{27} - \frac{AB}{3} + C$	

Koeffizientenvergleich Zwei Polynome in Normalform

$$p_1(x) = a_0 + a_1x + a_2x + \cdots + a_nx^n, p_2(x) = b_0 + b_1x + b_2x^2 + \cdots + b_mx^m$$

sind genau dann gleich, wenn gilt:

- $n = grad(p_1) = grad(p_2)$ und $a_i = b_i$ für alle $i = 1, \ldots, n$. (6.58)

Gebrochen-rationale Funktion eine Funktion

$$f(x) = \frac{p(x)}{q(x)} \tag{6.59}$$

mit Polynomen p, q. Nullstellen von q sind **Definitionslücken** von f.

Nullstellen eines Polynoms werden auch **Wurzeln** genannt.

Nullstellen für Polynome vom Grad ≤ 3

$f(x) = ax + b$ mit $a \neq 0$

$$x = -b/a \tag{6.60}$$

$f(x) = x^2 + px + q$ mit **Diskriminante** $\Delta = p^2/4 - q \geq 0$

$$x = -p/2 \pm \sqrt{\Delta} \tag{6.61}$$

$f(x) = x^3 + px + q$ mit **Diskriminante** $\Delta = q^2/4 + p^3/27$

$\Delta = 0,\ p = 0$	$x = 0$	(6.62)
$\Delta = 0,\ p \neq 0$	$x_1 = \frac{3q}{p}$, $x_2 = -\frac{3q}{2p}$	(6.63)
$\Delta > 0$	$x = u + v$ mit $u^3 = -\frac{q}{2} + \sqrt{\Delta}$, $v^3 = -\frac{q}{2} - \sqrt{\Delta}$	(6.64)
$\Delta < 0\ (\Rightarrow p < 0)$	$x_1 = \sqrt{-4p/3} \cdot \cos(\frac{1}{3}\arccos(-\frac{q}{2} \cdot \sqrt{-27/p^3})\quad)$	(6.65)
	$x_2 = -\sqrt{-4p/3} \cdot \cos(\frac{1}{3}\arccos(-\frac{q}{2} \cdot \sqrt{-27/p^3}) + \frac{\pi}{3})$	(6.66)
	$x_3 = -\sqrt{-4p/3} \cdot \cos(\frac{1}{3}\arccos(-\frac{q}{2} \cdot \sqrt{-27/p^3}) - \frac{\pi}{3})$	(6.67)

Polynome mit ungeradem Grad haben eine reelle Nullstelle. Nullstellen von Polynomen ab Grad 3 werden i.d.R. numerisch angenähert, z.B. mit dem Newton-Verfahren, vgl. (6.2).

Vielfachheit $n_p(x_0) := k$ **der Nullstelle** x_0 **eines Polynoms** $p(x) = \tilde{p}(x)(x - x_0)^k$, $k \geq 0$, dabei ist $\tilde{p}$ ein Polynom mit $\tilde{p}(x_0) \neq 0$. Für $k \geq 2$ hat p in x_0

- ein lokales Extremum, wenn $k > 0$ gerade ist.
- eine Wendestelle, wenn k ungerade ist.

Horner-Schema zur Faktorisierung und Funktionswertberechnung

	a_n	a_{n-1}	$\cdots$	a_1	a_0
x_0	0	$b_{n-1}x_0$	$\cdots$	b_1x_0	b_0x_0
Summe	b_{n-1}	b_{n-2}	$\cdots$	b_0	$p(x_0)$

(6.68)

$$b_{n-1} = a_n, b_m = a_{m+1} + b_{m+1}x_0, p(x_0) = a_0 + b_0x_0 \tag{6.69}$$

$$p(x) = p(x_0) + (x - x_0)(b_0 + b_1x + \cdots + b_{n-1}x^{n-1}) \tag{6.70}$$

Polynomdivision: $$\frac{p(x) - p(x_0)}{x - x_0} = b_{n-1}x^{n-1} + b_{n-2}x^{n-2} + \cdots + b_1x + b_0 \tag{6.71}$$

Nullstellen-Vielfachheit und Polstellen gebrochen-rationaler Funktionen Nullstellen sind immer die Nullstellen des Zählerpolynoms, die keine Definitionslücken sind.

Eine gebrochen-rationale Funktion $f(x) = \frac{p(x)}{q(x)} = \frac{(x-x_0)^k v(x)}{(x-x_0)^\ell w(x)}$ mit Vielfachheiten k im Zähler, ℓ im Nenner hat im Fall $k \geq \ell$ eine **hebbare Definitionslücke** in x_0, hebbar durch

- 0, wenn $k > \ell$ (6.72)
- $v(x_0)/w(x_0)$ wenn $k = \ell$ (6.73)

Im Falle $k < \ell$ hat f in x_0 eine

- **Polstelle mit Vorzeichenwechsel**, wenn $\ell - k$ gerade ist, (6.74)
- **Polstelle ohne Vorzeichenwechsel**, wenn $\ell - k$ ungerade ist. (6.75)

Partialbruchzerlegung Sind p, q Polynome mit $grad(p) < grad(q)$ und $q(x) = q_1(x)q_2(x)$ mit Polynomen q_1, q_2 ohne gemeinsame Nullstelle, so gibt es Polynome p_1, p_2 mit $grad(p_i) < grad(q_i)$ und[8]

$$\frac{p(x)}{q(x)} = \frac{p_1(x)}{q_1(x)} + \frac{p_2(x)}{q_2(x)} \tag{6.76}$$

Spezialfall mit $x_1 \neq x_2$:

$$\frac{ax + b}{(x - x_1)(x - x_2)} = \frac{A}{x - x_1} + \frac{B}{x - x_2} \tag{6.77}$$

$$\text{mit} \quad A = \frac{ax_1 + b}{x_1 - x_2} \quad , \quad B = \frac{ax_2 + b}{x_2 - x_1} \tag{6.78}$$

[8]Ansatz: Koeffizientenvergleich von $p(x)$ und $p_1(x)q_2(x) + p_2(x)q_1(x)$.

Für eine rationale Funktion $f(x) = p(x)/(x-t)^k$ mit $p(t) \neq 0$ und $grad(p) < k$ gibt es eine **Partialbruchzerlegung** der Form[9]

$$\frac{p(x)}{(x-t)^k} = \frac{A_1}{(x-t)^k} + \frac{A_2}{(x-t)^{k-1}} + \cdots + \frac{A_{k-1}}{(x-t)^2} + \frac{A_k}{(x-t)} \tag{6.79}$$

$$\text{dabei ist } A_j = \frac{p^{(j-1)}(t)}{(j-1)!} \tag{6.80}$$

Spezialfälle:

$$\frac{ax+b}{(x-t)^2} = \frac{at+b}{(x-t)^2} + \frac{a}{x-t} \tag{6.81}$$

$$\frac{ax^2+bx+c}{(x-t)^3} = \frac{at^2+bt+c}{(x-t)^3} + \frac{2at+b}{(x-t)^2} + \frac{a}{x-t} \tag{6.82}$$

Ableitungen und Stammfunktionen Für Polynome $f(x) = a_0 + a_1x + \cdots + a_nx^n$:

$$f'(x) = 0 + a_1 + 2a_2x \cdots + na_nx^{n-1} \tag{6.83}$$

$$\int f(x)dx = a_0x + \tfrac{1}{2}a_1x^2 + \cdots + \tfrac{1}{n+1}a_nx^{n+1} \tag{6.84}$$

Für gebrochen-rationale Funktionen $f(x) = p(x)/q(x)$

$$f'(x) = \frac{p'(x)q(x) - p(x)q'(x)}{q(x)^2} \tag{6.85}$$

$$\int f(x)dx = \ln(q(x)), \text{ falls } p(x) = q'(x) \tag{6.86}$$

anderenfalls Partialbruchzerlegung und summandenweise Integration

6.3 Exponentialfunktion, Logarithmus und Potenz

Rechenregeln für Exponentiale und Logarithmen $(a, b > 0, x, y \in \mathbb{R}, n \in \mathbb{N})$

$a^{x+y} = a^x \cdot a^y$	(6.87)		$\log_a(x \cdot y) = \log_a(x) + \log_a(y)$	(6.93)
$(a^x)^r = a^{r \cdot x}$	(6.88)		$\log_a(x^r) = r \cdot \log_a(x)$	(6.94)
$a^0 = 1$	(6.89)		$\log_a(1) = 0$	(6.95)
$a^1 = a$	(6.90)		$\log_a(a) = 1$	(6.96)
$a^n = a \cdot \dots \cdot a$ (n Faktoren)	(6.91)		$\log_a(a^x) = x$	(6.97)
$b^x = a^{x \cdot \log_a(b)} = e^{x \cdot \ln(b)}$	(6.92)		$\log_b(x) = \frac{\log_a(x)}{\log_a(b)} = \frac{\ln(x)}{\ln(b)}$	(6.98)

Exponentialfunktion $f : \mathbb{R} \to \mathbb{R}$, $f(x) = a^x$ zur **Basis** $a > 0$

- hat keine Nullstellen. (6.99)
- ist konvex. (6.100)
- ist streng isoton für $a > 1$ und streng antiton für $a < 1$. (6.101)
- hat die Ableitung $f'(x) = \ln(a) \cdot a^x$ (6.102)
- hat Stammfunktion $\int f(x)dx = \frac{1}{\ln(a)}a^x$ (6.103)

[9] mit $p^{(0)}(t) = p(t), p^{(1)}(t) = p'(t), p^{(2)}(t) = p''(t), \dots$, vgl. (7.60)

Mathematik

(Eulersche) Exponentialfunktion (e-Funktion) $x \mapsto f(x) = \exp(x) = e^x$ (6.104)

Ihre Basis ist die **eulersche Zahl**

$$e = \lim_{m\to\infty}(1 + \frac{1}{m})^m = \sum_{k=0}^{\infty}\frac{1}{k!} = 2,71828\ldots \quad (6.105)$$

Abschätzung: $e^x \geq 1 + x \quad \forall x \in \mathbb{R}$ (6.106)

Die e-Funktion ist die einzige differenzierbare Funktion mit den beiden Eigenschaften

- $f(0) = 1$ (6.107)
- **Ableitung** $f'(x) = f(x)$. (6.108)

Stammfunktion der e-Funktion ist $\int e^x dx = e^x$ (6.109)

Logarithmusfunktion durch Umkehrung der Exponentialfunktion zur Basis $a > 0$:

$$y = \log_a(x) \Leftrightarrow x = a^y \quad (6.110)$$

Natürlicher Logarithmus $f(x) = \ln(x) = \log_e(x)$ (6.111)

Dekadischer Logarithmus $\lg(x) = \log_{10}(x)$ (6.112)

Dyadischer Logarithmus $\mathrm{ld}(x) = \log_2(x)$ (6.113)

Die Logarithmusfunktion $x \mapsto f(x) = \log_a(x)$

- hat nur eine Nullstelle, $\log_a(1) = 0$ (6.114)
- ist streng monoton wachsend und konkav für $a > 1$, (6.115)
- ist streng monoton fallend und konvex für $0 < a < 1$. (6.116)
- hat die Ableitung $f'(x) = 1/(x\ln(a))$ (6.117)
- hat Stammfunktion $\int f(x)dx = (x\ln(x) - x)/\ln(a)$ (6.118)

Potenz und Wurzel: $a^{p/q} = \sqrt[q]{a^p}$ für $a > 0, p \in \mathbb{N}_0, q \in \mathbb{N}$ (6.119)

Dabei ist[10] $\sqrt[q]{a} = a^{1/q}$ (positive) Lösung der Gleichung $x^q = a$. (6.120)

Verträglichkeit von Potenz mit Produkt bzw. Summe

- Produktbildung: $(xy)^a = x^a \cdot y^a \quad \forall x, y > 0, a \in \mathbb{R}$. (6.121)

[10] q-te **Wurzel** von $a > 0$

- Summenbildung: **Binomische Formel**

$$(x+y)^n = \sum_{k=0}^{n} \binom{n}{k} x^k y^{n-k} \quad \forall x, y \in \mathbb{R}, n \in \mathbb{N} \tag{6.122}$$

Dabei ist für $n \in \mathbb{N}_0, k \in \{0, \dots, n\}$ der **Binomialkoeffizient**[11]

$$\binom{n}{k} := \frac{n!}{k!(n-k)!} = \frac{n(n-1)\cdots(n-k+1)}{k(k-1)\cdots 2\cdot 1} \tag{6.123}$$

Die Funktion $x \mapsto f(x) = x^a, \quad x > 0$ (bzw. $x \geq 0$ für $a > 0$) (6.124)

mit $a \in \mathbb{R}$ heißt **Potenzfunktion** (Cobb-Douglas-Funktion).

Die Potenzfunktion (nur) für $a > 0$ die Nullstelle $x = 0$ und ist

- streng monoton wachsend und konvex für $a > 0$, (6.125)
- streng monoton fallend und konkav für für $a < 0$. (6.126)

Ableitung und Stammfunktion

- **Ableitung** der Potenzfunktion ist

$$f'(x) = ax^{a-1} \tag{6.127}$$

- **Stammfunktion** für $a \in \mathbb{R}$ ist

$$\int x^a dx = \begin{cases} x^{a+1}/(a+1) & a \neq -1 \\ \ln(x) & a = 1 \end{cases} \tag{6.128}$$

6.4 Trigonometrische Funktionen

Sinus und Cosinus beschreiben die Koordinaten von Punkten des Einheitskreises in Abhängigkeit vom Winkel[12] $\varphi \in [0; 2\pi]$, Tangens und Cotangens die Verhältnisse der Koordinaten.

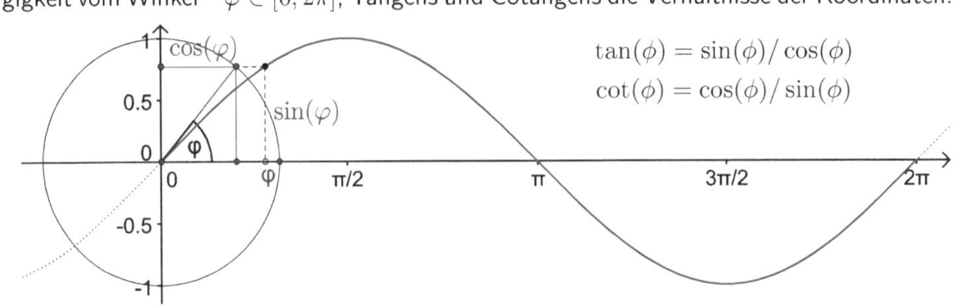

[11] lies: „n über k" [12] Die Kreiskonstante $\pi \approx 3,1415927$ ist der halbe Umfang des Kreises mit Radius 1 und Grundlage der Winkelmessung im **Bogenmaß**. Hier entspricht jeder Winkel der Länge des dem Winkel zugehörigen Kreisbogens, z.B. der Vollkreiswinkel dem Umfang 2π des Einheitskreises und der rechte Winkel dem Viertelkreisbogen mit der Länge $\pi/2$.

Funktionswerttabelle für Werte von x im Bogenmaß und **Gradmaß**[13] $\alpha \in [0°; 360°]$:

x	0	$\frac{\pi}{4}$	$\frac{\pi}{3}$	$\frac{\pi}{2}$	$\frac{2\pi}{3}$	$\frac{3\pi}{4}$	π	$\frac{5\pi}{4}$	$\frac{4\pi}{3}$	$\frac{3\pi}{2}$	$\frac{5\pi}{3}$	$\frac{7\pi}{4}$	2π
α	$0°$	$45°$	$60°$	$90°$	$120°$	$135°$	$180°$	$225°$	$240°$	$270°$	$300°$	$315°$	$360°$
$\sin(x)$	0	$1/\sqrt{2}$	$\sqrt{3}/2$	1	$\sqrt{3}/2$	$1/\sqrt{2}$	0	$-1/\sqrt{2}$	$-\sqrt{3}/2$	-1	$-\sqrt{3}/2$	$-1/\sqrt{2}$	0
$\cos(x)$	1	$1/\sqrt{2}$	$1/2$	0	$-1/2$	$-1/\sqrt{2}$	-1	$-1/\sqrt{2}$	$-1/2$	0	$1/2$	$1/\sqrt{2}$	1
$\tan(x)$	0	1	$\sqrt{3}$		$-\sqrt{3}$	-1	0	1	$\sqrt{3}$		$-\sqrt{3}$	-1	0
$\cot(x)$		1	$1/\sqrt{3}$	0	$-1/\sqrt{3}$	-1		1	$1/\sqrt{3}$	0	$-1/\sqrt{3}$	-1	

- **Phasenverschiebung**: $\sin(x) = \cos(\pi/2 - x)$ (6.129)
- 2π-**Periodizität**:

$$\sin(x + 2\pi) = \sin(x), \quad \cos(x + 2\pi) = \cos(x) \tag{6.130}$$

- **Symmetrieeigenschaften**:

$$\cos(-x) = \cos(x), \quad \sin(-x) = -\sin(x) \tag{6.131}$$

- **Trigonometrischer Pythagoras** $\sin^2(x) + \cos^2(x) = 1$ (6.132)
- **Additionstheoreme**:

$$\sin(x + y) = \sin(x)\cos(y) + \sin(y)\cos(x) \tag{6.133}$$

$$\cos(x + y) = \cos(x)\cos(y) - \sin(x)\sin(y) \tag{6.134}$$

Umkehrfunktionen sin und tan sind umkehrbar auf $]-\frac{\pi}{2}; \frac{\pi}{2}[$, cos und cot sind umkehrbar auf $]0; \pi[$. Die entsprechenden Umkehrfunktionen heißen $\arcsin, \arccos, \arctan, \text{arccot}$.

Ableitungen und Stammfunktionen

$f(x) =$	$\sin(x)$	$\cos(x)$	$\tan(x)$	$\cot(x)$
$f'(x) =$	$\cos(x)$	$-\sin(x)$	$\frac{1}{\cos^2(x)}$	$-\frac{1}{\sin^2(x)}$
$\int f(x)dx =$	$-\cos(x)$	$\sin(x)$	$-\ln\lvert\cos(x)\rvert$	$\ln\lvert\sin(x)\rvert$
$f(x) =$	$\arcsin(x)$	$\arccos(x)$	$\arctan(\text{x})$	$\text{arccot}(\text{x})$
$f'(x) =$	$\frac{1}{\sqrt{1-x^2}}$	$-\frac{1}{\sqrt{1-x^2}}$	$\frac{1}{1+x^2}$	$-\frac{1}{1+x^2}$
$\int f(x)dx =$	$x\arcsin(x) + \sqrt{1-x^2}$	$x\arccos(x) - \sqrt{1-x^2}$	$x\arctan(x) - \frac{1}{2}\ln(1+x^2)$	$x\,\text{arccot}(x) + \frac{1}{2}\ln(1+x^2)$

6.5 Gamma-Funktion

$$\Gamma(x) = \int_0^\infty t^{x-1}e^{-t}dt \quad \text{für } x > 0 \tag{6.135}$$

- $\Gamma(x+1) = x \cdot \Gamma(x)$ für $x > 0$ (6.136)
- $\Gamma(n+1) = n!$ für $n \in \mathbb{N}$ (6.137)
- $\Gamma(1) = 1$, $\Gamma(\frac{1}{2}) = \sqrt{\pi}$ (6.138)

[13] Umrechnung von x (Bogenmaß) in α (Gradmaß): $\alpha = 180x/\pi$.

6.6 Betrag und Betragsfunktion

(Absolut-)Betrag $|x| = \begin{cases} x & \text{für } x \geq 0 \\ -x & \text{für } x < 0 \end{cases}$ (6.139)

Für $x, y \in \mathbb{R}$ gilt:

- $|x| = \max(-x, x)$ (6.140)
- $|xy| = |x| \cdot |y|$ (6.141)
- $|x + y| \leq |x| + |y|$ (**Dreiecksungleichung**) (6.142)

Die Betragsfunktion $x \mapsto |x|$ ist stetig und (nur) in $x = 0$ nicht differenzierbar.

Vorzeichenfunktion: $\operatorname{sgn}(x) = \begin{cases} x/|x| & \text{für } x \neq 0 \\ 0 & \text{für } x = 0 \end{cases}, \ \operatorname{sgn}(x) \in \{-1, 0, 1\}$ (6.143)

6.7 Indikatorfunktion

Für $A \subseteq \mathbb{R}$: $1_A : \mathbb{R} \to \{0, 1\}, \quad 1_A(x) = \begin{cases} 1 & \text{falls } x \in A \\ 0 & \text{falls } x \notin A \end{cases}$ (6.144)

Regeln für die Indikatorfunktion Für Mengen $A, B \subseteq \mathbb{R}$ und alle $x \in \mathbb{R}$ gilt:

Komplement	$\mathbf{1}_{A^c}(x) = 1 - \mathbf{1}_A(\omega)$	(6.145)
Schnitt	$\mathbf{1}_{A \cap B}(x) = \mathbf{1}_A(x)\mathbf{1}_B(x) = \min(\mathbf{1}_A(x), \mathbf{1}_B(x))$	(6.146)
Vereinigung	$\mathbf{1}_{A \cup B}(x) = \max(\mathbf{1}_A(x), \mathbf{1}_B(x))$	(6.147)
	$= \mathbf{1}_A(x) + \mathbf{1}_B(x) - \mathbf{1}_{A \cap B}(x)$	
Symm. Differenz	$\mathbf{1}_{A \Delta B}(x) = \lvert\mathbf{1}_A(x) - \mathbf{1}_B(x)\rvert$	(6.148)

7 Differentialrechnung

7.1 Grenzwerte und Stetigkeit von Funktionen

Funktionsgrenzwert von $f : \mathbb{D} \subseteq \mathbb{R} \to \mathbb{R}$ in $x_0 \in \mathbb{D}$ ist[1,2] $\lim\limits_{x \to x_0} f(x) := y \in \mathbb{R}$, (7.1)
wenn für jede Folge $(x_n)_{n \in \mathbb{N}}$ in $\mathbb{D}$ mit $\lim\limits_{n \to \infty} x_n = x_0$ gilt $\lim\limits_{n \to \infty} f(x_n) = y$.

Funktionsgrenzwert gegen ∞ ist[3] $\lim\limits_{x \to \infty} f(x) := y \in \mathbb{R}$, (7.2)
wenn für jede Folge $(x_n)_{n \in \mathbb{N}}$ mit $\lim\limits_{n \to \infty} x_n = \infty$ gilt $\lim\limits_{n \to \infty} f(x_n) = y$

Grenzwertsätze Falls $\lim\limits_{x \to x_0} f_i(x) = y_i \in \mathbb{R}$, $i = 1, 2$ für Funktionen f_1, f_2, so folgt[4]:

- $\lim\limits_{x \to x_0} (f_1(x) \pm f_2(x)) = y_1 \pm y_2$, (7.3)
- $\lim\limits_{x \to x_0} (f_1(x) f_2(x)) = y_1 y_2$. (7.4)
- $\lim\limits_{x \to x_0} (f_1(x)/f_2(x)) = y_1/y_2$, sofern $y_2 \neq 0$. (7.5)
- $\lim\limits_{x \to x_0} h(f_1(x)) = h(y_1)$ für stetige Funktion h mit $W_{f_1} \subseteq D_h$˙ (7.6)

Spezielle Funktionsgrenzwerte Für Polynome $p(x) = (x - x_0)^{n_p} \tilde{p}(x)$ mit Leitkoeffizient a,$n_p = n_p(x_0)$, $q(x) = (x - x_0)^{n_q} \tilde{q}(x)$ mit Leitkoeffizient b, $n_q = n_q(x_0)$:

	$\lim\limits_{x \to \infty} f(x)$			$\lim\limits_{x \to x_0} f(x)$	
$f(x) = p(x)/q(x)$					
$grad(p) < grad(q)$	0	(7.7)	$n_p > n_q$	0	(7.12)
$grad(p) = grad(q)$	a/b	(7.8)	$n_p = n_q$	$\tilde{p}(x_0)/\tilde{q}(x_0$	(7.13)
$grad(p) > grad(q)$	divergent	(7.9)	$n_p < n_q$	divergent	(7.14)
$f(x) = p(x)/e^x$	0	(7.10)			
$f(x) = x^k \ln(x)$			für $x_0 = 0$	0	(7.15)

L'Hospital-Regel, wenn Grenzwerte im Zähler/Nenner beide 0 (beide $\pm\infty$) sind:

$f(x) = \dfrac{g(x)}{h(x)}$ $\qquad \lim\limits_{x \to \infty} \dfrac{f'(x)}{g'(x)}$ (7.11) $\qquad \lim\limits_{x \to x_0} \dfrac{f'(x)}{g'(x)}$ (7.16)

[1]Sinngemäß auch uneigentliche Grenzwerte $\lim_{x \to x_0} f(x) = \infty$ bzw. $= -\infty$ (**bestimmte Divergenz**). [2]Sinngemäß auch für Funktionen mehrerer Variablen, dann werden Zahlenfolgen durch Punktfolgen ersetzt. [3]Sinngemäß auch Grenzwerte $\lim_{x \to \infty} f(x) = \infty$ bzw. $= -\infty$ (**bestimmte Divergenz**). [4]Alle Aussagen gelten sinngemäß auch für uneigentliche Grenzwerte, d.h. bei Übergängen $x \to \infty$, $x \to -\infty$

Stetigkeit $f : \mathbb{D} \to \mathbb{R}$ heißt **stetig** in $x^{(0)} \in \mathbb{D}$, wenn $\lim\limits_{x \to x^{(0)}} f(x) = f(x^{(0)})$. (7.17)

Innerhalb ihrer Definitionsbereiche[5,6] $\mathbb{D}$ jeweils stetig sind

- Polynomfunktionen, Exponential- und Logarithmusfunktion, Potenzfunktionen, alle trigonometrischen Funktionen,
- **Koordinatenfunktionen** $(x_1, \dots, x_n) \mapsto x_j$, $j \in \{1, \dots, n\}$,
- die Terme $f \pm g$, $f \cdot g$, f/g zu stetigen Funktionen $f, g : \mathbb{D} \to \mathbb{R}$,
- Verkettungen $f \circ g$ in $x^{(0)}$, wenn g in $x^{(0)}$ und f in $g(x^{(0)})$ stetig ist.

7.2 Ableitungen bei Funktionen einer Variable

Eine Funktion $f :]a; b[\to \mathbb{R}$ heißt **differenzierbar** in $x \in]a; b[$, wenn die **Ableitung** von f in x existiert, d.h. der Grenzwert

$$f'(x) = \lim_{h \to 0} \frac{f(x+h) - f(x)}{h} \tag{7.18}$$

Ableitungsregeln Für $f, g : \mathbb{D} \to \mathbb{R}$ differenzierbar und $c \in \mathbb{R}$ gilt:

Faktorregel $(cf)'(x) = cf'(x)$ (7.19)

Summenregel $(f + g)'(x) = f'(x) + g'(x)$ (7.20)

Produktregel $(fg)'(x) = f'(x)g(x) + f(x)g'(x)$ (7.21)

Quotientenregel $(\frac{f}{g})'(x) = \frac{f'(x)g(x) - f(x)g'(x)}{g(x)^2}$ (7.22)

Kettenregel $(h \circ f)'(x) = h'(f(x))f'(x)$ für $h : f(\mathbb{D}) \to \mathbb{R}$ differenzierbar (7.23)

Regeln übertragen sich sinngemäß auf partielle Ableitungen.

Häufige Ableitungen und Stammfunktionen

$f(x)$	$f'(x)$	$\int f(x)dx$	$f(x)$	$f'(x)$	$\int f(x)dx$
x^a	ax^{a-1}	$x^{a+1}/(a+1)$	$\ln(x)$	$\frac{1}{x}$	$x\ln(x) - x$
a^x	$a^x \ln(a)$	$a^x/\ln(a)$	$\sin(x)$	$\cos(x)$	$-\cos(x)$
e^x	e^x	e^x	$\cos(x)$	$-\sin(x)$	$\sin(x)$
$\log_a(x)$	$\frac{1}{x\ln(a)}$	$\frac{x\ln(x)-x}{\ln(a)}$	$\tan(x)$	$\frac{1}{\cos^2(x)}$	$-\ln\lvert\cos(x)\rvert$

Weitere Ableitungen und Stammfunktionen vgl. Abschnitte 6.2, 6.3 und 6.4. Stammfunktionen sind eindeutig bis auf eine additive Konstante $c \in \mathbb{R}$, siehe (8.2).

7.3 Partielle Ableitung und Differential

Gegeben eine Funktion $f : \mathbb{D} \subseteq \mathbb{R}^n \to \mathbb{R}$

[5] Dabei jeweils $\mathbb{D} \subseteq \mathbb{R}$ oder $\mathbb{D} \subseteq \mathbb{R}^n$ [6] d.h. mit Ausnahme von Definitionslücken

Mathematik

Partielle Ableitung $\frac{\partial f}{\partial x_j}(x_1, \ldots, x_n) = \lim\limits_{h \to 0} \frac{f(x_1,\ldots,x_j+h,\ldots,x_n)-f(x_1,\ldots,x_j,\ldots,x_n)}{h}$ (7.24)
(falls Grenzwert existiert). Andere Schreibweisen: $D_j f(x_1, \ldots, x_n)$ bzw. $\frac{\partial f}{\partial x_j}$ bzw. $\partial f / \partial x_j$

Gradient $\nabla f(x) = \nabla f(x_1, \ldots, x_n) = \left(\frac{\partial f}{\partial x_1}, \ldots, \frac{\partial f}{\partial x_n}\right)^T$ (7.25)
f heißt **partiell differenzierbar** in $\mathbb{D}$, wenn $\nabla f(x)$ für alle $x \in \mathbb{D}$ existiert

Differential von $f : \mathbb{D} \to \mathbb{R}$ in innerem Punkt $x \in \mathbb{D}$ ist ein Vektor $D_f(x) \in \mathbb{R}^n$ mit

$$\lim_{h \to \bar{0}} \frac{f(x+h) - f(x) - \langle Df(x), h \rangle}{||h||} = 0 \tag{7.26}$$

f heißt (total) differenzierbar in $\mathbb{D}$, wenn (7.26) für alle $x \in \mathbb{D}$ gilt.

Jacobi-Matrix einer mehrwertigen Funktion $f = (f_1, \ldots, f_m)^T : \mathbb{D} \to \mathbb{R}^m$ ist die Matrix

$$J_f(x) := \frac{\partial f}{\partial x} := \begin{pmatrix} \partial f_1/\partial x_1 & \cdots & \partial f_1/\partial x_n \\ \vdots & & \vdots \\ \partial f_m/\partial x_1 & \cdots & \partial f_m/\partial x_n \end{pmatrix} \tag{7.27}$$

Zusammenhänge

- Ist f in $\mathbb{D}$ total differenzierbar, dann auch partiell differenzierbar, und $\forall x \in \mathbb{D}$ gilt

$$Df(x) = \nabla f(x) \tag{7.28}$$

- Ist f in $\mathbb{D}$ partiell differenzierbar mit stetigen partiellen Ableitungen $\partial f / \partial x_j$, dann ist f in $\mathbb{D}$ total differenzierbar.

7.4 Mehrdimensionale Kettenregeln

Für $f : \mathbb{D} \subseteq \mathbb{R}^n \to \mathbb{R}$ und $h : f(\mathbb{D}) \to \mathbb{R}$, bzw. $g_1, \ldots, g_n : [a; b] \to \mathbb{R}$ differenzierbar mit $(g_1(t), \ldots, g_n(t))^T \in \mathbb{D}$ gilt:

$$\frac{\partial(h \circ f)}{\partial x_j}(x_1, \ldots, x_n) = h'(f(x_1, \ldots, x_n)) \cdot \frac{\partial f}{\partial x_j}(x_1, \ldots, x_n) \tag{7.29}$$

$$\frac{\partial(f \circ (h_1, \ldots, h_n))}{\partial t}(t) = \sum_{k=1}^{n} \frac{\partial f}{\partial x_k}\big(h_1(t), \ldots, h_n(t)\big) \cdot h_k'(t) \tag{7.30}$$

7.5 Ableitungsbegriffe auf Grundlage des Differentials

$f : \mathbb{D} \to \mathbb{R}$ sei in $x^{(0)} = (x_1^{(0)}, \ldots, x_n^{(0)})^T \in \mathbb{D}$ differenzierbar, $y_0 = f(x^{(0)})$.

Richtungsableitung von f in $x^{(0)}$ in Richtung $d \in \mathbb{R}^n$ ist

$$Df(x^{(0)}, d) := \lim_{h \to 0} \frac{f(x^{(0)} + h \cdot d) - f(x^{(0)})}{h} \tag{7.31}$$

$$= \langle \nabla f(x^{(0)}), d \rangle = D_1 f(x^{(0)}) \cdot d_1 + \cdots + D_n f(x^{(0)}) \cdot d_n \tag{7.32}$$

- Der steilste Anstieg $Df(x^{(0)}, d)$ unter $\|d\| = 1$ ist $\|\nabla f(x^{(0)})\|$. Die **Richtung des steilsten Anstiegs**[7] von f in $x^{(0)}$ ist

$$d = \nabla f(x^{(0)}) \tag{7.33}$$

- Für jede Richtung d mit $\langle \nabla f(x^{(0)}), d \rangle = 0$ ist $\{x^{(0)} + td : t \in \mathbb{R}\}$ eine **Tangente** an die **Niveaumenge** (Iso-Quante)

$$N_f(y_0) := f^{-1}(\{y_0\}) = \{x \in \mathbb{D} : f(x) = y_0\} \tag{7.34}$$

(Partielle) Elastizität von f nach x_j in $x^{(0)}$ im Fall von $f(x^{(0)}) \neq 0$ ist

$$\epsilon_{f,j}(x^{(0)}) := x_j^{(0)} \cdot \frac{D_j f(x^{(0)})}{f(x^{(0)})} \tag{7.35}$$

Hat f nur eine Variable x, so schreibt man $\epsilon_f(x) = x \cdot \frac{f'(x)}{f(x)}$ (7.36)

Elastizitätsgradient von f in $x^{(0)}$ ist $\epsilon_f(x^{(0)}) := (\epsilon_{f,1}(x^{(0)}), \ldots, \epsilon_{f,n}(x^{(0)}))^T$ (7.37)

Richtungselastizität von f in $x^{(0)}$ in Richtung $d = (d_1, \ldots, d_n)^T \in \mathbb{R}^n$ ist

$$\epsilon_f(x^{(0)}, d) := \langle \epsilon_f(x^{(0)}), d \rangle = \epsilon_{f,1}(x^{(0)}) \cdot d_1 + \cdots + \epsilon_{f,n}(x^{(0)}) \cdot d_n \tag{7.38}$$

Ändern sich die Inputs $x_j^{(0)}$ jeweils um d_j Prozent (mit $d_j \approx 0$), so ändert sich der Output $f(x^{(0)})$ um etwa $\epsilon_f(x^{(0)}, d)$ Prozent.

Implizite Ableitungen Für $\frac{\partial f}{\partial x_k}(x^{(0)}) \neq 0$ und $y_0 = f(x^{(0)})$ wird die Variable x_k auf der Niveaumenge $N_f(y_0)$ (lokal) zu einer differenzierbaren Funktion (**implizite Funktion**) $x_k = y(x_1, \ldots, x_{k-1}, x_{k+1}, \ldots, x_n)$ mit partiellen (**impliziten**) Ableitungen

$$\frac{\partial x_k}{\partial x_j}(x^{(0)}) = -\frac{\partial f}{\partial x_j}(x^{(0)}) / \frac{\partial f}{\partial x_k}(x^{(0)}) \tag{7.39}$$

Substitutionsgrenzrate (GRS) **von** f **zwischen** x_k **und** x_j

$$z = GRS(x_k | x_j) := \frac{\partial x_k}{\partial x_j}(x^{(0)}) = -\frac{\partial f}{\partial x_j}(x^{(0)}) \Big/ \frac{\partial f}{\partial x_k}(x^{(0)}) \tag{7.40}$$

sie beschreibt die Änderungsrate für x_k, wenn $f(x) = y_0$ bei Änderung von x_j konstant bleiben soll, es gilt[8,9] für $\Delta \approx 0$

$$f(\ldots, x_j + \Delta, \ldots, x_k + z \cdot \Delta, \ldots) \approx y_0 \tag{7.41}$$

[7] jeder andere Vektor $\tilde{d} = \alpha d$ mit $\alpha > 0$ zeigt ebenfalls in die Richtung des steilsten Anstiegs bzw. mit $\alpha < 0$ in die Richtung des steilsten Abstiegs. [8] hier für $j < k$, sinngemäß auch für $j > k$ [9] d.h. ändert sich x_j zu $x_j + \Delta$, so muss x_k zu $x_k + \Delta \cdot GRS(x_k | x_j)$ geändert werden, um den Wert y_0 näherungsweise zu halten.

Substitutionselastizität zwischen x_k und x_j ist die Elastizität von $t = x_k/x_j$ als Funktion von $z = GRS(x_k|x_j)$, d.h.

$$SEL(x_k|x_j) := \quad \epsilon_{x_k/x_j}(GRS(x_k|x_j)) \tag{7.42}$$

$$= \quad - \frac{\frac{\partial f}{\partial x_j} \cdot \frac{\partial f}{\partial x_k} \cdot \left(x_j \cdot \frac{\partial f}{\partial x_j} + x_k \cdot \frac{\partial f}{\partial x_k} \right) / (x_j \cdot x_k)}{\frac{\partial^2 f}{\partial x_j^2} \cdot \left(\frac{\partial f}{\partial x_k} \right)^2 - 2 \cdot \frac{\partial^2 f}{\partial x_j x_k} \cdot \frac{\partial f}{\partial x_j} \cdot \frac{\partial f}{\partial x_k} + \frac{\partial^2 f}{\partial x_k^2} \cdot \left(\frac{\partial f}{\partial x_j} \right)^2} \tag{7.43}$$

Ableitungskonzepte für Funktionen $f(x, y)$ von zwei Variablen

Konzept	Berechnung	Linearisierungen (für $\Delta_x, \Delta_y, \Delta \approx 0$)	
Gradient	$\nabla f(x,y) = (a_1\|a_2)$	$f(x + \Delta_x, y \quad) \approx f(x,y) + a_1\Delta_x$	(7.44)
		$f(x \quad , y + \Delta_y) \approx f(x,y) + a_2\Delta_y$	(7.45)
Differential	$Df(x,y) = (a_1\|a_2)$	$f(x+\Delta_x, y+\Delta_y) \approx f(x,y)+a_1\Delta_x+a_2\Delta_y$	(7.46)
Richtungs-ableitung	$Df(\mathbf{x},\mathbf{d}) = a_1d_1 + a_2d_2$ mit $\mathbf{x} = (x\|y)$, $\mathbf{d} = (d_1\|d_2)$	$f(x + \Delta d_1, y + \Delta d_2)$ $\approx f(x,y) + \Delta \cdot (a_1d_1 + a_2d_2)$	(7.47)
Elastizi-tätsgradient	$\epsilon_f(x,y) = (e_1\|e_2)$ $= (\frac{a_1x}{f(x,y)}\|\frac{a_2y}{f(x,y)})$	$\frac{f(x+\Delta_x,y+\Delta_y)-f(x,y)}{f(x,y)} \approx e_1\frac{\Delta_x}{x} + e_2\frac{\Delta_y}{y}$	(7.48)
Richtungs-elastizität	$\epsilon_f(\mathbf{x},\mathbf{d}) = e_1d_1 + e_2d_2$ mit $\mathbf{x} = (x\|y)$, $\mathbf{d} = (d_1\|d_2)$	$f((1 + \Delta d_1)x, (1 + \Delta d_2)y)$ $\approx (1 + \Delta(e_1d_1 + e_2d_2)) \cdot f(x,y)$	(7.49)
Substituti-onsgrenzrate	$GRS(y\|x) = y'(x) = -\frac{a_1}{a_2}$	$y(x + \Delta) \approx y(x) + GRS(y\|x) \cdot \Delta$	(7.50)

7.6 Homogene Funktionen

Eine Funktion $f : \mathbb{D} \subseteq \mathbb{R}^n \to \mathbb{R}$ heißt **homogen** vom Grad[10] r, wenn für alle $x \in \mathbb{R}^n$ und $\lambda \in \mathbb{R}$ mit $\lambda x \in \mathbb{D}$ gilt

$$f(\lambda x) = \lambda^r f(x) \tag{7.51}$$

Ist $f : \mathbb{D} \to \mathbb{R}$ differenzierbar und r-homogen, so gilt:

- $x \mapsto Df(x, d)$ ist homogen vom Grad $r - 1$ $\forall d \in \mathbb{R}^n$. (7.52)
- $Df(x, x) = rf(x)$ für alle $x \in \mathbb{D}$ (**Euler-Formel**). (7.53)
- $\epsilon_{f,1}(x) + \cdots + \epsilon_{f,n}(x) = r$ für alle $x \in \mathbb{D}$. (7.54)

CD-Funktionen $f :]0; \infty[^n \to \mathbb{R}, f(x_1, \ldots, x_n) = c \cdot x_1^{a_1} \cdots x_n^{a_n}$ mit[11] $c, a_1, \ldots, a_n \in \mathbb{R}$

- sind homogen vom Grad $r = a_1 + \cdots + a_n$, (7.55)
- $GRS(x_k|x_j) = -\frac{a_j}{a_k} \cdot \frac{x_k}{x_j}$ und $SEL(x_k|x_j) = 1$. (7.56)

CES-Funktionen $f(x_1, \ldots, x_n) = \sqrt[q]{c_0 + c_1x_1^q + \cdots + c_nx_n^q}$ mit $c_i \geq 0$, $q \neq 0$

- sind 1-homogen für $c_0 = 0$, (7.57)
- $GRS(x_k|x_j) = -\frac{a_j}{a_k}\left(\frac{x_k}{x_j}\right)^{1-q}$ und $SEL(x_k|x_j) = \frac{1}{1-q}$ für $q \neq 1$. (7.58)

[10] **linear homogen**: homogen vom Grad $r = 1$ [11] Definitionsbereich $[0; \infty[^n$ falls $a_i > 0 \forall i$.

7.7 Ableitungen zweiter Ordnung

Wird die partielle Ableitung $\partial f/\partial x_i$ einer Funktion $f : \mathbb{D} \to \mathbb{R}$ noch einmal nach einer Variablen x_j abgeleitet, so erhält man eine **partielle Ableitung 2. Ordnung** und schreibt[12]

$$D_{ij}f(x) \quad \text{bzw.} \quad \frac{\partial^2 f}{\partial x_i \partial x_j} \tag{7.59}$$

Bei einer Variablen ist f'' die **zweite Ableitung** von f und Ableitung von f', f''' die Ableitung von f'' usw. Allgemein ist die n-te Ableitung $f^{(n)}$ erklärt durch

$$f^{(0)}(x) = f(x),\ f^{(n+1)}(x) = (f^{(n)})'(x), \qquad n \in \mathbb{N}_0, x \in \mathbb{D} \tag{7.60}$$

Hesse-Matrix und Richtungskrümmung Bei zweimal stetig partiell differenzierbaren[13] Funktionen ist die **Hesse-Matrix** symmetrisch:

$$H_f(x) := \begin{pmatrix} D_{11}f(x) \cdots D_{1n}f(x) \\ \vdots \qquad \vdots \\ D_{n1}f(x) \cdots D_{nn}f(x) \end{pmatrix} = \begin{pmatrix} \partial^2 f/\partial x_1 \partial x_1 \cdots \partial^2 f/\partial x_1 \partial x_n \\ \vdots \qquad \vdots \\ \partial^2 f/\partial x_n \partial x_1 \cdots \partial^2 f/\partial x_n \partial x_n \end{pmatrix} \tag{7.61}$$

Taylor-Entwicklung zweiter Ordnung:

$$\lim_{d \to \bar{0}} \frac{f(x+d) - f(x) - \langle \nabla f(x), d \rangle - \frac{1}{2}\langle d, H_f(x)d \rangle}{||d||^2} = 0. \tag{7.62}$$

Richtungskrümmung von f in x in Richtung d

Matrixschreibweise:	$\langle d, H_f(x)d \rangle$	(7.63)
ausgeschrieben:	$\sum_{i=1}^{n} \sum_{j=1}^{n} d_i d_j \cdot D_{ij}f(x)$	(7.64)
speziell für zwei Variablen:	$d_1^2 \cdot \frac{\partial^2 f}{\partial x_1^2} + 2d_1 d_2 \cdot \frac{\partial^2 f}{\partial x_1 \partial x_2} + d_2^2 \cdot \frac{\partial^2 f}{\partial x_2^2}$	(7.65)

Konvexe und konkave Funktionen Falls $\mathbb{D} \subseteq \mathbb{R}^n$ konvex ist und gilt

$$f(\lambda x + (1-\lambda)y) \leq \lambda f(x) + (1-\lambda)f(y) \quad \forall x, y \in \mathbb{D}, \lambda \in]0;1[\quad (\text{bzw. } \geq) \tag{7.66}$$

so heißt $f : \mathbb{D} \to \mathbb{R}$ **konvex** (bzw.) **konkav**.

Eine 2-mal stetig partiell differenzierbare Funktion ist genau konvex (konkav), wenn $H_f(x)$ positiv (negativ) semidefinit ist $\forall x \in \mathbb{D}$.

Eine hinreichende Bedingung für Konvexität (bzw. Konkavität) von f lautet: $H_f(x)$ ist positiv definit (bzw. negativ definit) $\forall x \in \mathbb{D}$.

Spezialfall Funktion $f(x,y)$ von zwei Variablen Gilt jeweils für alle $(x,y) \in \mathbb{D}$

- $\frac{\partial^2 f}{\partial x^2} > 0$ (bzw. < 0) (7.67)
- $\frac{\partial^2 f}{\partial x^2} \cdot \frac{\partial^2 f}{\partial y^2} - \left(\frac{\partial^2 f}{\partial x \partial y}\right)^2 \geq 0$ (7.68)

so ist f konvex (bzw. konkav).

[12]singemäß: $\partial^2 f/\partial x_j^2$ beschreibt zweimaliges Ableiten nach x_j. [13]d.h. die partiellen Ableitungen 2. Ordnung sind stetig.

8 Integralrechnung

8.1 Stammfunktionen und unbestimmte Integrale

$F : \mathbb{D} \subseteq \mathbb{R} \to \mathbb{R}$ heißt **Stammfunktion** von $f : \mathbb{D} \to \mathbb{R}$, wenn F differenzierbar ist mit

$$F'(x) = f(x) \tag{8.1}$$

für alle $x \in \mathbb{D}$. Man nennt F auch das **unbestimmte Integral** von f und schreibt[1]

$$F(x) = \int f(x)dx \quad \text{bzw.} \quad F(x) = \int f(x)dx + c \tag{8.2}$$

Integrationsregeln Für $f, g, h : \mathbb{D} \to \mathbb{R}$ mit Stammfunktionen F, G, H und $c \in \mathbb{R}$ gilt[2]:

Faktorregel:	$\int cf(x)dx = c \int f(x)dx$	(8.3)
Summenregel:	$\int (f(x) + g(x))dx = \int f(x)dx + \int g(x)dx$	(8.4)
Partielle Integration:	$\int f(x)G(x)dx = F(x)G(x) - \int F(x)g(x)dx$	(8.5)
Substitutionsregel	$\int h(F(x))F'(x)dx = H(F(x))$	(8.6)

Tabellenmethode zur partiellen Integration

$$\int u(x)v(x)dx = \sum_{j=0}^{k-1} (-1)^j \cdot u^{(j)}(x)v^{(-j-1)}(x)dx + (-1)^k \cdot \int u^{(k)}(x)v^{(-k)}(x)dx \tag{8.7}$$

gemäß folgendem Schema:

	D	×	I
$+$	$u^{(0)}(x) = u(x)$		$v^{(0)}(x) = v(x)$
$-$	$u^{(1)}(x) = \frac{\partial}{\partial x}u^{(0)}(x)$		$v^{(-1)}(x) = \int v^{(0)}(x)dx$
$+$	$u^{(2)}(x) = \frac{\partial}{\partial x}u^{(1)}(x)$		$v^{(-2)}(x) = \int v^{(-1)}(x)dx$
$\vdots$	$\vdots$		$\vdots$
$\pm$	$u^{(k)}(x) = \frac{\partial}{\partial x}u^{(k-1)}(x)$		$v^{(-k)}(x) = \int v^{(-k-1)}(x)dx$

[1]Letzteres drückt aus, dass die Stammfunktion nur bis auf eine additive Konstante $c \in \mathbb{R}$ eindeutig bestimmt ist. In diesem Sinne können alle in Kapitel 6 und 7 aufgeführten Stammfunktionen durch Addition einer beliebigen Konstanten variiert werden. [2]Substitutionsregel, falls die Verkettung $h \circ F$ möglich ist

8.2 Bestimmte Integrale

Das **bestimmte Integral** einer (meist stetigen) Funktion $f : [a; b] \to \mathbb{R}$ ist erklärt als

$$\int_a^b f(x)dx := \lim_{m\to\infty} \sum_{i=1}^{m} f(x_{mi})(b_{mi} - a_{mi}) \tag{8.8}$$

mit **Zerlegungsfolge** $([a_{m1}; b_{m1}], \ldots, [a_{m1}; b_{m1}])_{m\in\mathbb{N}}$ und $x_{mi} \in [a_{mi}; b_{mi}]$, d.h.

- $a = a_{m1}, b = b_{mm}$
- $a_{mi} \leq b_{mi} = a_{m,i+1}$
- $\lim\limits_{m\to\infty} \mathcal{F}_m = 0$, vgl. Schaubild[3]:

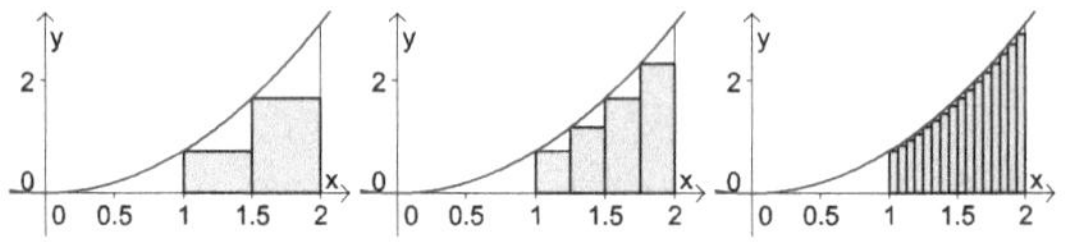

f heißt **(Riemann-)integrierbar**, wenn der Grenzwert in (8.8) für jede mögliche Zerlegungsfolge existiert und stets den gleichen Wert annimmt (z.B. für stetiges f).

Hauptsatz der Differential- und Integralrechnung Jede stetige Funktion $f : [a; b] \to \mathbb{R}$ besitzt eine Stammfunktion $F : [a; b] \to \mathbb{R}$ und für jede Stammfunktion gilt

$$\int_a^b f(x)dx = \big[F(x)\big]_a^b := F(b) - F(a) \tag{8.9}$$

Eine kleinere Übersicht von Stammfunktionen befindet sich auf S. 46. Einige weitere Stammfunktionen sind in den Abschnitten 6.2, 6.3 und 6.4 beschrieben.

Integrationsregeln Für Funktionen f, g, h mit Stammfunktionen F, G, H und $c \in \mathbb{R}$ gilt:

Faktorregel:	$\int_a^b cf(x)dx = c\int_a^b f(x)dx$	(8.10)
Summenregel:	$\int_a^b (f(x) + g(x))dx = \int_a^b f(x)dx + \int_a^b g(x)dx$	(8.11)
Partielle Integration:	$\int_a^b f(x)G(x)dx = [F(x)G(x)]_a^b - \int_a^b F(x)g(x)dx$	(8.12)
Substitutionsregel:	$\int_a^b h(F(x))F'(x)dx = \int_{F(a)}^{F(b)} H(z)dz$	(8.13)

Uneigentliche Integrale sind erklärt als Grenzwerte

$$\int_{-\infty}^b f(x)dx := \lim_{a\to-\infty} \int_a^b f(x)dx \tag{8.14}$$

$$\int_a^\infty f(x)dx := \lim_{b\to\infty} \int_a^b f(x)dx \tag{8.15}$$

$$\int_{-\infty}^\infty f(x)dx := \int_{-\infty}^{x_0} f(x)dx + \int_{x_0}^\infty f(x)dx \tag{8.16}$$

mit beliebigem[4] $x_0 \in \mathbb{R}$. Es gelten sinngemäß[5] die Regeln (8.10) bis (8.13).

---

[3]Dabei heißt $\mathcal{F}_m = \mathcal{F}_m((a_1, \ldots, a_m), (b_1, \ldots, b_m)) = \max(b_1 - a_1, \ldots, b_m - a_m)$ die **Feinheit** der Zerlegung von $[a; b]$ in Teilintervalle $[a_1, b_1], \ldots, [a_m, b_m]$. [4]d.h. falls der Wert für ein $x_0 \in \mathbb{R}$ existiert, so ergibt sich der selbe Wert auch für jedes andere $x_0 \in \mathbb{R}$. [5]d.h. bei Existenz der Grenzwerte

Numerische Integration $\int_a^b f(x)dx$ ist mit $g(x) = f(a + (b-a)x)$ näherungsweise

Trapezregel $\frac{1}{2n} \cdot \left(g(0) + 2\sum_{i=2}^{n-1} g(\frac{i-1}{n}) + g(1)\right)$ (8.17)

Kepler'sche Fassregel $\frac{1}{6} \cdot \left(g(0) + 4g(\frac{1}{2}) + g(1)\right)$ (8.18)

Simpson-Regel $\frac{1}{6n} \cdot \left(g(0) + 4\sum_{i=1}^{n} g(\frac{2i-1}{2n}) + 2\sum_{i=1}^{n-1} g(\frac{i}{2n}) + g(1)\right)$ (8.19)

8.3 Mehrfachintegrale

Für eine (meist stetige) Funktion $f : \mathbb{D} \subseteq \mathbb{R}^n \to \mathbb{R}$ mit Quader $\mathbb{D} = [a_1, b_1] \times \cdots \times [a_n, b_n]$ ist das **Mehrfachintegral** erklärt als Grenzwert[6]

$$\int_{\mathbb{D}} f(x)dx = \int_{\mathbb{D}} f(x_1, \ldots, x_n)dx_1 \ldots dx_n = \lim_{m\to\infty} \sum_{i=1}^{m} f(x_{mi})V(Q_{mi}) \qquad (8.20)$$

mit Quader-**Zerlegungsfolge** $(Q_{m1}, \ldots, Q_{mm})_{m\in\mathbb{N}}$ $\forall m, i$ und $x_{mi} \in Q_{mi}$, d.h.[7]

- $\forall m$ ist $\mathbb{D} = Q_{m1} \cup \cdots \cup Q_{mm}$
- $\forall m, i \neq j$ ist $Q_{mi} \cap Q_{mj} = \emptyset$
- $\lim_{m\to\infty} \mathcal{F}(Q_{m1}, \ldots, Q_{mm}) = 0$.

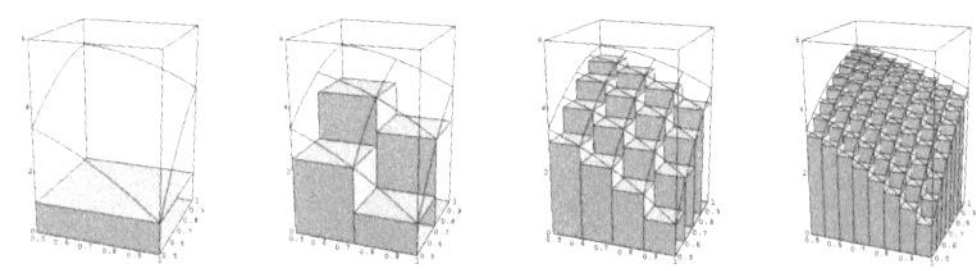

f heißt **(Riemann)-integrierbar**, wenn der o.g. Grenzwert für jede mögliche Zerlegungsfolge existiert und stets den gleichen Wert annimmt (z.B. bei stetigem f).

Uneigentliche Mehrfachintegrale Die Berechnung kann oft[8] auf unbeschränkte Quader bis hin zu $\mathbb{D} = \mathbb{R}^n$ übertragen werden, dazu notwendig: Grenzwertübergänge, z.B.

$$\int_{\mathbb{R}^n} f(x)dx = \lim_{K\to\infty} \int_{[-K;K]^n} f(x)dx, \quad \int_{[0;\infty[^n} f(x)dx = \lim_{K\to\infty} \int_{[0;K]^n} f(x)dx \qquad (8.21)$$

Berechnung durch iterierte Einfachintegrale bei stetigem f:

$$\int_{\mathbb{D}} f(x)dx_1 \ldots dx_n = \int_{a_1}^{b_1} \left(\int_{[a_2;b_2]\times\cdots\times[a_n;b_n]} f(x_1, \ldots, x_n)dx_2 \ldots dx_n\right) dx_1 \qquad (8.22)$$

gilt auch bei anderer Integrationsreihenfolge und für $f \geq 0$ sinngemäß auch bei Quadern mit (teilweise) uneigentlichen Integrationsgrenzen.

Substitutionsregel $\mathbb{D}, \mathbb{E} \subseteq \mathbb{R}^n$ seien offen, $f : \mathbb{D} \to \mathbb{R}$ eine stetige Funktion und

- $g : \mathbb{E} \to \mathbb{D}$ sei injektiv und differenzierbar mit Jacobi-Matrix $J_g(x)$.
- $\det(J_g(x))$ sei auf $\mathbb{E}$ stets positiv oder stets negativ.

Für jede kompakte Menge $\mathbb{T} \subseteq \mathbb{E}$, deren Indikatorfunktion $\mathbf{1}_{\mathbb{T}}$ integrierbar ist[9], gilt

$$\int_{g(\mathbb{T})} f(x)dx = \int_{\mathbb{T}} f(g(t))|\det J_g(t)|dt \qquad (8.23)$$

[6]Dabei ist $V(Q_{mi})$ das Volumen des Quaders Q_{mi}. [7]Dabei heißt $\mathcal{F}(Q_1, \ldots, Q_m) = \max(D_\infty(Q_1), \ldots, D_\infty(Q_m))$ **Feinheit** der Zerlegung von $\mathbb{D}$ in die Quader $Q_1, \ldots, Q_m$ mit Maximum-Durchmessern $D_\infty(Q_1), \ldots, D_\infty(Q_n)$. [8]z.B. für $f \geq 0$. [9]Beispiele solcher **Jordan-Mengen** $\mathbb{T}$ sind beschränkte Quader und Kugeln.

Doppelintegral über Rechteck $\mathbb{D} = [a_1; b_1] \times [a_2; b_2]$ bei stetiger Funktionen

$$\int_{\mathbb{D}} f(x_1, x_2) dx_1 dx_2 = \int_{a_1}^{b_1} \left(\int_{a_2}^{b_2} f(x_1, x_2) dx_2 \right) dx_1 = \int_{a_2}^{b_2} \left(\int_{a_1}^{b_1} f(x_1, x_2) dx_1 \right) dx_2 \quad (8.24)$$

$F : \mathbb{D} \to \mathbb{R}$ heißt **unbestimmtes Integral** von f, wenn F zweimal stetig partiell differenzierbar ist mit

$$D_{12}F(x, y) = D_{21}F(x, y) = f(x, y) \quad \forall (x, y)^T \in \mathbb{D} \quad (8.25)$$

Es gilt dann $$\int_{\mathbb{D}} f(x) dx = F(b_1, b_2) - F(a_1, b_2) - F(b_1, a_2) + F(a_1, a_2) \quad (8.26)$$

Normalgebiet mit vertikalen Schnitt-Intervallen[10]:

$$\mathbb{D} = \{(x, y)^T \in \mathbb{R}^2 : a_1 \leq x \leq b_1, a_2(x) \leq y \leq b_2(x)\} \quad (8.27)$$

mit $a_1, b_1 \in \mathbb{R}$ und stetigen Funktionen $a_2, b_2 : [a; b] \to \mathbb{R}$ mit $a_2(x) \leq b_2(x)$:

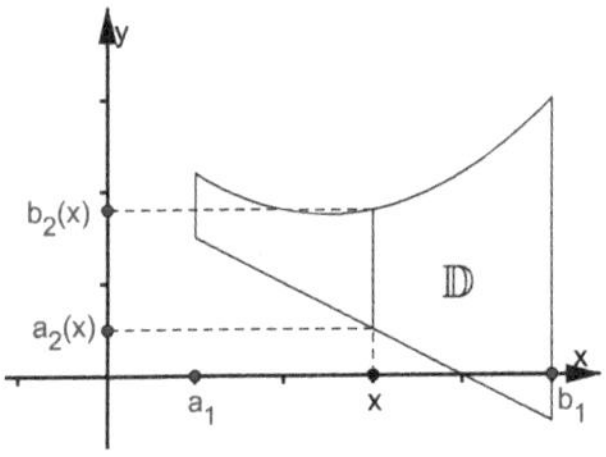

$$\int_{\mathbb{D}} f(x, y) dx dy = \int_{a_1}^{b_1} \left(\int_{a_2(x)}^{b_2(x)} f(x, y) dy \right) dx \quad (8.28)$$

Normalgebiet mit horizontalen Schnitt-Intervallen[10]:

$$\mathbb{D} = \{(x, y)^T \in \mathbb{R}^2 : a_2 \leq y \leq b_2, a_1(y) \leq x \leq b_1(y)\} \quad (8.29)$$

mit $a_2, b_2 \in \mathbb{R}$ und stetigen Funktionen $a_1, b_1 : [a; b] \to \mathbb{R}$ mit $a_1(y) \leq b_1(y)$:

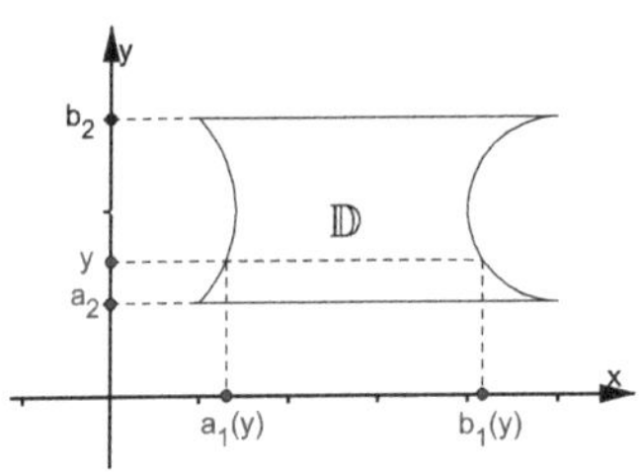

$$\int_{\mathbb{D}} f(x, y) dx dy = \int_{a_2}^{b_2} \left(\int_{a_1(y)}^{b_1(y)} f(x, y) dx \right) dy \quad (8.30)$$

Kreisringsektor

$$\mathbb{K} = \{(r\cos(\phi), r\sin(\phi))^T \in \mathbb{R}^2 : r_1 \leq r \leq r_2, \phi_1 \leq \phi \leq \phi_2\} \quad (8.31)$$

wobei $0 \leq r_1 \leq r_2$, $0 \leq \phi_1 \leq \phi_2 < 2\pi$ und $f : \mathbb{K} \to \mathbb{R}$ stetig.

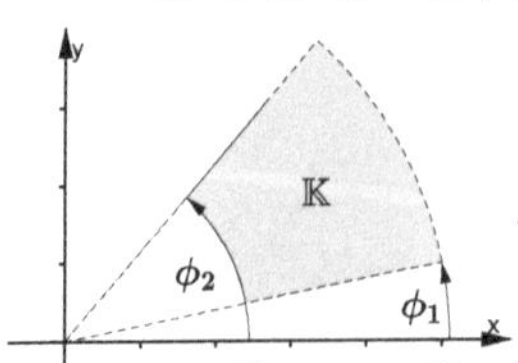

$$\int_{\mathbb{K}} f(x, y) dx dy = \int_{\phi_1}^{\phi_2} \int_{r_1}^{r_2} f(r\cos\phi, r\sin\phi) \cdot r\, dr d\phi \quad (8.32)$$

[10] sinngemäß bei unbeschränkten Normalgebieten mittels uneigentlichen Integralen, z.B. im Spezialfall $f(x, y) \geq 0 \forall x, y$.

9 Optimierung differenzierbarer Funktionen

Viele quantitative Fragestellungen der Ökonomie lassen sich als Optimierungsaufgaben mit Funktionen

$$f, g_1, \ldots, g_m, h_1, \ldots, h_k : \mathbb{D} \subseteq \mathbb{R}^n \to \mathbb{R} \tag{9.1}$$

in n Variablen formulieren. Im Folgenden seien alle auftretenden Funktionen differenzierbar.

9.1 Optimierung ohne Nebenbedingungen

Man sagt, f hat in $x^{(0)}$ ein **globales Minimum** (bzw. Maximum), wenn $f(x^{(0)}) \leq f(x)$ $\forall x \in \mathbb{D}$ (bzw. $f(x^{(0)}) \geq f(x)$ $\forall x \in \mathbb{D}$).

Gilt dies nur für alle x in einer Umgebung $B_r(x^{(0)}) \subseteq \mathbb{D}$ mit $r > 0$, so spricht man von einem **lokalen Minimum** (bzw. Maximum).

Notwendige Bedingung für lokales Extremum Wenn f in einem inneren Punkt $x^{(0)} \in \mathbb{D}$ ein lokales Extremum hat, so sind dort alle partiellen Ableitungen Null:

$$\nabla f(x^{(0)}) = \bar{0} \tag{9.2}$$

Ein solcher Punkt $x^{(0)} \in \mathbb{D}$ heißt **kritischer Punkt**. Spezialfälle[1]:

- 2 Variablen: $\frac{\partial f}{\partial x} = \frac{\partial f}{\partial y} = 0$ (9.3)
- 3 Variablen: $\frac{\partial f}{\partial x} = \frac{\partial f}{\partial y} = \frac{\partial f}{\partial z} = 0$ (9.4)

Hinreichende Bedingung für lokales Extremum Ist $H_f(x^{(0)})$ in einem kritischen Punkt $x^{(0)}$ positiv (negativ) definit[2], dann hat f in $x^{(0)}$ ein lokales Minimum (Maximum).

Spezialfall 2 Variablen: In einem kritischen Punkt mit $\frac{\partial^2 f}{\partial x^2} > 0$ (bzw. < 0) und

$$\frac{\partial^2 f}{\partial x^2} \cdot \frac{\partial^2 f}{\partial y^2} - \left(\frac{\partial^2 f}{\partial xy}\right)^2 > 0 \tag{9.5}$$

hat f ein lokales Minimum (bzw. ein lokales Maximum).

Konvexe Optimierung Eine konvexe (konkave) Funktion hat im kritischen Punkt ein globales Minimum (Maximum).

---

[1] Angenommen wird, dass f eine Funktion der zwei Variablen x, y bzw. der drei Variablen x, y, z ist. [2] vgl. Abschnitt 4.7

9.2 Optimierung mit Nebenbedingungen

Vorgegeben: m Nebenbedingungen (NB) $g_1(x) = 0, \ldots, g_m(x) = 0$ in =-Form und k Nebenbedingungen $h_1(x) \leq 0, \ldots, h_k(x) \leq 0$ in $\leq$-Form

- Ein Punkt $x \in \mathbb{D}$ heißt **zulässig**, wenn er alle NB erfüllt.[3]
- Eine Ungleichungs-NB $h_\ell(x) \leq 0$ heißt **aktiv** in $x^{(0)}$, wenn $h_\ell(x^{(0)}) = 0$ und **inaktiv** in $x^{(0)}$, wenn $h_\ell(x^{(0)}) < 0$.

f hat im $x^{(0)} \in \mathbb{D}$ ein **globales Minimum** (Maximum) **unter den Nebenbedingungen**, wenn für alle zulässigen $x \in \mathbb{D}$ gilt: $$f(x^{(0)}) \leq f(x) \quad (f(x^{(0)}) \geq f(x)) \tag{9.6}$$

Gilt (9.2) nur für alle zulässigen x in einer Umgebung $B_r(x^{(0)}) \subseteq \mathbb{D}$ mit $r > 0$, so spricht man von einem **lokalen Minimum** (Maximum) **unter den Nebenbedingungen**.

Lagrange-Funktion $$L(x, \lambda, \mu) := f(x) + \textstyle\sum_{j=1}^m \lambda_j g_j(x) + \sum_{\ell=1}^k \mu_\ell h_\ell(x) \tag{9.7}$$

mit $\lambda = (\lambda_1, \ldots, \lambda_m)^T \in \mathbb{R}^m$ und $\mu = (\mu_1, \ldots, \mu_k)^T \in \mathbb{R}^k$ heißt **Lagrange-Funktion** mit den **Lagrange-Multiplikatoren** (LM)[4] $\lambda_1, \ldots, \lambda_m$ und $\mu_1, \ldots, \mu_k$.

Kuhn-Tucker-Bedingungen Die KT-Bedingungen lauten[5,6] mit LM $\lambda_1, \ldots, \lambda_m \in \mathbb{R}$, $\mu_1, \ldots, \mu_k \geq 0$, und $x \in \mathbb{D}$

$$\frac{\partial L}{\partial x_j}(x, \lambda, \mu) = \frac{\partial f}{\partial x_j}(x) + \sum_{i=1}^m \lambda_i \cdot \frac{\partial g_i}{\partial x_j}(x) + \sum_{\ell=1}^k \mu_\ell \cdot \frac{\partial h_\ell}{\partial x_j}(x) = 0, \quad j = 1, \ldots, n \tag{9.8}$$

$$\mu_r h_r(x) = 0, \text{ d.h. } \mu_r = 0 \text{ oder } h_r(x) \leq 0 \text{ ist aktiv in } x\,, \quad r = 1, \ldots, k \tag{9.9}$$

(9.9) sind die **Bedingungen vom komplementären Schlupf** (BKS).

Ein zulässiges $x \in \mathbb{D}$ mit (9.8) und (9.9) heißt **kritischer Punkt**.

Notwendige Bedingung für lokales Minimum Hat f in $x^{(0)}$ ein lokales Minimum unter NB mit l.u. NB-Gradienten, so gelten in $x = x^{(0)}$ die KT-Bedingungen (9.8) und (9.9). Bei einem lokalem Maximum gelten die KT-Bedingungen sinngemäß mit $\mu_1, \ldots, \mu_k \leq 0$.

Spezialfälle der Kuhn-Tucker-Bedingungen[7]:

- $n = 2, m = 1, k = 0$: $\frac{\partial f}{\partial x} + \lambda_1 \frac{\partial g_1}{\partial x} = \frac{\partial f}{\partial y} + \lambda_1 \frac{\partial g_1}{\partial y} = 0$ (9.10)
- $n = 3, m = 1, k = 0$: $\frac{\partial f}{\partial x} + \lambda_1 \frac{\partial g_1}{\partial x} = \frac{\partial f}{\partial y} + \lambda_1 \frac{\partial g_1}{\partial y} = \frac{\partial f}{\partial z} + \lambda_1 \frac{\partial g_1}{\partial z} = 0$ (9.11)
- $n = 3, m = 2, k = 0$:
  $\frac{\partial f}{\partial x} + \lambda_1 \frac{\partial g_1}{\partial x} + \lambda_2 \frac{\partial g_2}{\partial x} = \frac{\partial f}{\partial y} + \lambda_1 \frac{\partial g_1}{\partial y} + \lambda_2 \frac{\partial g_2}{\partial y} = \frac{\partial f}{\partial z} + \lambda_1 \frac{\partial g_1}{\partial z} + \lambda_2 \frac{\partial g_2}{\partial z} = 0$ (9.12)
- $n = 2, m = 0, k = 1$: $\frac{\partial f}{\partial x} + \mu_1 \frac{\partial h_1}{\partial x} = \frac{\partial f}{\partial y} + \mu_1 \frac{\partial h_1}{\partial y} = 0$, $\mu_1 = 0 \vee h_1(x, y) = 0$ (9.13)

[3]Im Folgenden werden nur zulässige Punkte $x, x^{(0)}, x^{(1)}, \ldots \in \mathbb{D}$ betrachtet. [4]Im engeren Sinne werden spricht man nur dann von Lagrange-Multiplikatoren, wenn die Kuhn-Tucker-Bedingungen erfüllt sind. [5]Bei NB ausschließlich in =–Form entfallen (9.9) und in (9.8) die Summanden zu μ_ℓ. bei NB ausschließlich in $\leq$–Form entfallen in (9.8) die Summanden zu λ_j. [6]Bei NB ausschließlich in Gleichungsform lauten die KT-Bedingungen dann $\nabla L(x, \lambda) = \bar{0}$. [7]Angenommen wird, dass f, g_1, g_2 Funktionen der zwei Variablen x, y bzw. der drei Variablen x, y, z sind.

Hinreichende Bedingung für lokales Minimum f hat in $x^{(0)}$ ein lokales Minimum unter den NB, wenn gilt:

- Die KT-Bedingungen (9.8) und (9.9) sind in $x = x^{(0)}$ erfüllt, $x = x^{(0)}$ ist zulässig.
- Die Matrix $$H_f(x^{(0)}) + \sum_{i=1}^m \lambda_i H_{g_i}(x^{(0)}) + \sum_{\ell \in \mathcal{L}} \mu_\ell H_{h_\ell}(x^{(0)}) \qquad (9.14)$$ ist positiv definit[8] unter $Gx = \vec{0}$, wobei sich G zeilenweise aus den transponierten Gradienten $\nabla g_1(x^{(0)}) \ldots, \nabla g_m(x^{(0)})$, und $\nabla h_\ell(x^{(0)})$, $\ell \in \mathcal{L}$, zusammensetzt.

Dabei ist $\mathcal{L}$ die Menge der in $x^{(0)}$ aktiven NB[9] mit $\mu_\ell > 0$.

Spezialfall $n = 2, m = 1$ Gilt mit $L(x, y, \lambda_1) = f(x, y) + \lambda_1 g_1(x, y)$ im kritischen Punkt

$$\frac{\partial^2 L}{\partial x^2} \cdot \left(\frac{\partial g_1}{\partial y}\right)^2 - 2 \cdot \frac{\partial^2 L}{\partial x \partial y} \cdot \frac{\partial g_1}{\partial x} \cdot \frac{\partial g_1}{\partial y} + \frac{\partial^2 L}{\partial y^2} \cdot \left(\frac{\partial g_1}{\partial x}\right)^2 > 0 \qquad (9.15)$$

(bzw. < 0), dann hat f unter der Nebenbedingung $g_1(x, y) = 0$ ein lokales Minimum (bzw. ein lokales Maximum).

Randwertvergleich für globale Extrema Auf $\mathbb{D} = [a_1; b_1] \times \cdots \times [a_n; b_n]$ hat f ein globales Minimum und ein globales Maximum unter den NB. Jedes globale Extremum x von f ist (zulässiger) Randpunkt von $\mathbb{D}$ ($x_j \in \{a_j, b_j\}$ für ein j) oder erfüllt die Bedingungen[10] in (9.8) und (9.9).

Satz von Kuhn-Tucker, Konvexe Optimierung f hat in $x^{(0)}$ ein globales Minimum unter den NB, wenn gleichzeitig gilt:

- Es liegen nur Ungleichungs-NB vor, $f, h_1, \ldots, h_k$ sind konvex.
- **Slater-Bedingung**: $\exists x^{(1)} \in \mathbb{D}$, in dem alle NB inaktiv sind.
- Die KT-Bedingungen (9.8) und (9.9) sind erfüllt.

9.3 Optimierung bei exogenen Parametern

Im Rahmen der **komparativen Statik** werden Optimierungsprobleme unter Gleichungs-NB in Abhängigkeit von **exogenen Variablen** $\alpha = (\alpha_1, \ldots, \alpha_r)^T$ behandelt. Zu diesen exogenen Variablen zählen z.B. die Sollwerte y_i von NB $g_i(x) = y_i \Leftrightarrow g_i(x) - y_i = 0$.

Optimalwert bzw. die zugehörigen Entscheidungsvariablen bzw. LM der NB[11]

$$V(\alpha) := \inf\{f(x, \alpha) : g_i(x, \alpha) = y_i \quad \forall i\} \qquad (9.16)$$

bzw. $x_j(\alpha)$ bzw. $\lambda_i(\alpha)$.

Envelope-Theorem

- $$\frac{\partial V}{\partial \alpha_s}(\alpha) = \frac{\partial f}{\partial \alpha_s}(x(\alpha)) + \sum_{i=1}^m \lambda_i(\alpha) \frac{\partial g_i}{\partial \alpha_s}(x(\alpha)). \qquad (9.17)$$
- **Schattenpreis**-Eigenschaft des LM: $$\frac{\partial V}{\partial y_i} = -\lambda_i(\alpha). \qquad (9.18)$$

[8] vgl. Abschnitt 4.7 [9] d.h. die Menge der zuhörigen Indizes ℓ aus $\{1, \ldots, k\}$ [10] unter der Annahme, dass die Gradienten der NB l.u. sind. [11] Annahme dabei: $f(x) = f(x, \alpha)$, $g_i(x) = g_i(x, \alpha)$ hängen differenzierbar von x und α ab.

Mathematik

10 Deskriptive Statistik

10.1 Univariate Stichprobe $x_1, \ldots, x_n \in \mathbb{R}$

Empirische Verteilung Kategorielle Daten aus K Kategorien $A_1, \ldots, A_K$ werden beschrieben durch

absolute Häufigkeiten: $H(A_k) = |\{i : x_i = A_k\}|, \quad 1 \leq k \leq K$ (10.1)

relative Häufigkeiten: $h(A_k) = H(A_k)/n, \quad 1 \leq k \leq K$ (10.2)

Statistik

empirische Verteilungsfunktion metrischer Daten $\hat{F}_n(x) = \dfrac{|\{i : x_i \leq x\}|}{n}$ (10.3)

Kennzahlen bei nominalen Attrituten

Modus: $mode(x) = A_{i_0}$ mit $h(A_{i_0}) = \max\limits_i h(A_i)$ (10.4)

Entropie: $\mathrm{H}(x) = -\log(\sum_{i=1}^k h(A_i)(1 - h(A_i)))$ (10.5)

Kennzahlen für Lage/Zentrum bei metrischen Attributen[1]

Arithmetisches Mittel $\bar{x} = \dfrac{x_1 + \cdots + x_n}{n}$ (10.6)

Geometrisches Mittel $\bar{x}_g = \sqrt[n]{x_1 \cdots x_n} = \exp(\overline{\log(x)}), \quad x_i > 0$ (10.7)

Harmonisches Mittel $\bar{x}_h = n/\sum_{i=1}^n \frac{1}{x_i} = 1/(\overline{1/x}), \quad x_i > 0$ (10.8)

(Stichproben-)Quantil $q_\alpha(x) \stackrel{*}{=} \begin{cases} \frac{1}{2}(x_{n\alpha} + x_{n\alpha+1}) & n\alpha \in \mathbb{N}_0 \\ x_{\lceil n\alpha \rceil} & n\alpha \notin \mathbb{N}_0 \end{cases}$ (10.9)

falls $n\alpha \in \mathbb{N}_0$, kommt prinzipiell jeder Wert im Intervall $[x_{n\alpha}; x_{n\alpha+1}]$ in Frage.

Unteres (Stichproben-)Quartil $q_{0.25}(x)$ (10.10)

(Stichproben-)Median $med(x) = q_{0.5}(x)$ (10.11)

Oberes (Stichproben-)Quartil $q_{0.75}(x)$ (10.12)

Sprechweisen: Terzil ($\alpha = \frac{k}{3}$), Quintil ($\alpha = \frac{k}{5}$), Dezil ($\alpha = \frac{k}{10}$), Perzentil ($\alpha = \frac{k}{100}$)

Quartilmitte $(q_{0.25}(x) + q_{0.75}(x))/2$ (10.13)

Für die **pythagoreischen Mittel** (arithmetisches, geometrisches, harmonisches Mittel) gilt

$$\bar{x} \geq \bar{x}_g \geq \bar{x}_h \tag{10.14}$$

[1] Gleichungen mit $\stackrel{*}{=}$ setzen $x_1 \leq x_2 \leq \cdots \leq x_n$ voraus.

Kennzahlen für Skala/Streuung metrischer Attribute[2]

Stichprobenvarianz: $\sigma^2(x) = \frac{1}{n-1}\sum\limits_{i=1}^{n}(x_i-\bar{x})^2 = \frac{1}{n-1}(\sum\limits_{i=1}^{n} x_i^2-n\bar{x}^2)$ (10.15)

Stichprobenstreuung $\sigma(x)$ (10.16)

Grundgesamtheitsvarianz: $var(x) = \sigma_n(x) = \frac{1}{n}\sum\limits_{i=1}^{n}(x_i-\bar{x})^2$ (10.17)

Medianabweichung $MA(x) = \frac{1}{n}\sum_{i=1}^{n}|x_i - med(x)|$ (10.18)

Gini-Differenz: $GD(x) = \frac{1}{n^2}\sum_{i,j}|x_i - x_j|$ (10.19)

Konzentrationsmaße[3] Mit $v_i \overset{*}{=} \sum_{j=1}^{i} x_j / \sum_{j=1}^{n} x_j$

Lorenzkurve Lineare Interpolation der $(\frac{1}{i}, v_i)$, $i = 1, \ldots, n$. (10.20)

Gini-Koeffizient $G(x) = GD(x)/2\bar{x} = \frac{1}{n^2\bar{x}}\sum_{i=2}^{n}\sum_{j=1}^{i-1}(x_i - x_j)$ (10.21)

Lorenz-Konzentration $L(x) \overset{*}{=} 1 - \frac{2}{n}\sum_{i=1}^{n}\left(\frac{v_i - v_{i-1}}{2} + v_{i-1}\right)$ (10.22)

$L(x)$ gibt den Inhalt der Fläche unter der Lorenzkurve an, $L(x) \overset{*}{=} G(x)$ (10.23)

10.2 Bivariate Stichprobe $x_1, \ldots, x_n, y_1, \ldots, y_n \in \mathbb{R}$

Empirische Verteilung für kategorielle Attribute mit Klassen $A_1, \ldots, A_K$, $B_1, \ldots, B_L$ und **Kontingenztafel**[4]

	B_1	$\cdots$	B_L	
A_1	H_{11}	$\cdots$	H_{1L}	$H_{1\cdot}$
$\vdots$	$\vdots$		$\vdots$	$\vdots$
A_K	H_{K1}	$\cdots$	H_{KL}	$H_{K\cdot}$
	$H_{\cdot 1}$	$\cdots$	$H_{\cdot L}$	n

	B_1	$\cdots$	B_L	
A_1	h_{11}	$\cdots$	h_{1L}	$h_{1\cdot}$
$\vdots$	$\vdots$		$\vdots$	$\vdots$
A_K	h_{K1}	$\cdots$	h_{KL}	$h_{K\cdot}$
	$h_{\cdot 1}$	$\cdots$	$h_{\cdot L}$	n

(10.24)

- **absolute Zellhäufigkeiten** $H_{k\ell} = |\{i : x_i = A_k, y_i = B_\ell\}|$, (10.25)
- **relative Zellhäufigkeiten** $h_{k\ell} = H_{k\ell}/n$, (10.26)

Ordinale Attribute (Klassen gemäß Indizierung geordnet[5])

x-Ränge $R_{xi} = R_i(x_1, \ldots, x_n) = |\{j \in \{1, \ldots, n\} : x_j \preceq x_i\}$ (10.27)

y-Ränge $R_{yi} = R_i(y_1, \ldots, y_n) = |\{j \in \{1, \ldots, n\} : y_j \preceq y_i\}|$ (10.28)

Konkordanzen $C = |\{i < j : x_i \prec x_j, y_i \prec y_j\}| = \sum_{k\ell} H_{k\ell} H_{k\ell}^{+}$ (10.29)

Diskordanzen $D = |\{i < j : x_i \prec x_j, y_j \prec y_i\}| = \sum_{k\ell} H_{k\ell} H_{k\ell}^{-}$ (10.30)

Dabei sind $H_{k\ell}^{+} = \sum_{k'>k,\ell'>\ell} H_{k'\ell'}$, $H_{k\ell}^{-} = \sum_{k'>k,\ell'<\ell} H_{k'\ell'}$

Empirische Verteilungsfunktion für metrische Attribute

$$\hat{F}_n(x, y) = \frac{|\{i \in \{1, \ldots, n\} : x_i \leq x, y_i \leq y\}|}{n} \quad (10.31)$$

[2]Andere Bezeichnung für Stichproben- bzw. Grundgesamtheitsvarianz: $\sigma_{n-1}^2(x)$) bzw. $\sigma_n^2(x)$

[3]Gleichungen mit $\overset{*}{=}$ setzen $x_1 \leq x_2 \leq \cdots \leq x_n$ voraus. [4]mit Zeilen- und Spaltensummen $H_{k\cdot}$, $H_{\cdot\ell}$ $h_{k\cdot} = H_{k\cdot}/n$, $h_{\cdot\ell} = H_{\cdot\ell}/n$ [5]d.h. z.B. den Klassen $A_1, \ldots, A_K$ sind Rangzahlen $r_i = r(A_i)$ zugeordnet mit $r_1 \leq \cdots \leq r_K$. Es gelte $x_i \preceq x_j \Leftrightarrow r_i \leq r_j$ und $x_i \prec x_j \Leftrightarrow r(x_i) < r(x_j)$ (sinngemäß für das andere Merkmal).

Zusammenhangskennzahlen bei nominalen Attributen

Chi-Quadrat-Statistik $\chi^2 = \sum_{k=1}^{K} \sum_{\ell=1}^{L} \frac{(H_{k\ell}-E_{k\ell})^2}{E_{k\ell}} = n\left(\sum_{k=1}^{K} \sum_{\ell=1}^{L} \frac{H_{k\ell}^2}{H_{k.}H_{.\ell}} - 1\right)$ (10.32)

wobei $E_{k\ell} = n \cdot h_{k.} \cdot h_{.\ell} = H_{k.}H_{.\ell}/n$

Cramér's V $K_C = \sqrt{\chi^2/(n(\min(K,L)-1))}$ (10.33)

Kontingenzindex $K_P = \sqrt{\frac{\chi^2}{\chi^2+n}}$, $K_P^* = \frac{K_P}{\sqrt{(\min(K,L)-1)/\,min(K,L)}}$ (10.34)

Zusammenhangskennzahlen bei ordinalen Attributen

Kendall's tau-a $2(C-D)/(n(n-1))$ (10.35)

Kendall's tau-b $2(C-D)/\sqrt{(n^2-\sum_k H_{k.}^2)(n^2-\sum_\ell H_{.\ell})}$ (10.36)

Kendall's tau-c $2(C-D)/(n^2 \cdot (\min(K,L)-1)/\min(K,L))$ (10.37)

Spearman-Korrelation:

- $\rho_S(x,y) = \rho_P(r,s) = (\frac{1}{n}\sum_{i=1}^{n} R_{xi}R_{yi} - \bar{R}_x\bar{R}_y)/\sqrt{var(R_x)var(R_y)}$. (10.38)
- Ohne Bindungen: $\rho_S(x,y) = 1 - 6\sum_{i=1}^{n}(R_{xi}-R_{yi})^2/(n(n^2-1))$ (10.39)

Zusammenhangskennzahlen bei metrischen Attributen

Stichprobenkovarianz $cov(x,y) := \frac{1}{n-1}\sum_{i=1}^{n}(x_i-\bar{x})(y_i-\bar{y})$ (10.40)

Bravais-Pearson-Korrelation $\rho_P(x,y) := \frac{cov(x,y)}{\sigma_{n-1}(x)\sigma_{n-1}(y)} = \frac{\frac{1}{n}\sum_{i=1}^{n} x_i y_i - \bar{x}\bar{y}}{\sqrt{var(x)var(y)}}$ (10.41)

10.3 Multivariate Stichproben

Gegeben ein multivariater Datensatz $\left\{\begin{matrix} x_{11} & \cdots & x_{1k} \\ \vdots & & \vdots \\ x_{n1} & \cdots & x_{nk}\end{matrix}\right\}$ mit n **Fällen** mit Werten $x_{i.} = (x_{i1},\ldots,x_{ik})$ und k **Merkmalen** bzw. **Attributen** mit Werten $x_{.\ell} = (x_{1\ell},\ldots,x_{n\ell})$

Zentroid der Merkmalsmenge $E \subseteq \{1,\ldots,n\}$

$$\bar{x}_E := \sum_{i\in E} x_{i.}/|E| \qquad (10.42)$$

für durchweg metrische Merkmale.

Kennzahlen für Unähnlichkeit (metrische Attribute) , $i,j \in \{1,\ldots,k\}$

- **Minkowski** $(p>0)$ $D_{ij} = \left(\sum_{\ell=1}^{k}|x_{i\ell}-x_{j\ell}|^p\right)^{1/p}$ (10.43)
  Spezialfälle: **Euklid** $(p=2)$, **(City-)Block/Manhattan** $(p=1)$
- **Tschebyscheff** $\max\{|x_{i\ell}-x_{j\ell}| : l = 1,\ldots,k\}$ (10.44)

Statistik

Kennzahlen für Ähnlichkeit (binäre Attribute) Gemeinsames Auftreten:

$$\begin{array}{c|ccc} x_{i\ell} & x_{j\ell} & 1 & 0 \\ \hline 1 & & a & b \\ 0 & & c & d \end{array} \tag{10.45}$$

Damit dann $$\operatorname{sim}(x_{i\cdot}, x_{j\cdot}) = \begin{cases} (a+d)/(a+b+c+d) & \textbf{M(atching)} \\ a/(a+b+c) & \textbf{S(imilarity)} \end{cases} \tag{10.46}$$

10.4 Agglomeratives Clustern von n Objekten

Grundalgorithmus

[1] Start: Gegeben **Partition** $\mathcal{C}_n = \{\{1\}, \{2\}, \dots, \{n\}\}$ und Distanzmatrix $\operatorname{dist}(\mathcal{C}_n) = (D_{ij})_{i,j}$. Setze $m = n - 1$ und lege eine Linkage-Option fest gemäß (10.4)

[2] Für eine gegebene Partition $\mathcal{C}_{m+1} = \{C_1, \dots C_{m+1}\}$ mit **Cluster-Distanzmatrix** $\operatorname{dist}(\mathcal{C}_{m+1}) = (d_{ij}^{(m+1)})_{i,j\in\{1,\dots,m+1\}}$:

[a] Bestimme den **Homogenitätsgrad** der Partition

$$h_m = \min_{ij} d_{ij}^{(m+1)} = d_{rs}^{(m+1)} \tag{10.47}$$

mit geeigneten r, s.

[b] Neue Partition: $\mathcal{C}_m = \mathcal{C}_{m+1} \cup \{C_r \cup C_s\} \setminus \{C_r, C_s\}$

[c] Falls $m > 0$: Bestimme $\operatorname{dist}(\mathcal{C}_m) = (d_{ij}^{(m)})_{i,j\in\{1,\dots,m\}}$ gemäß der Linkage-Option für $\operatorname{dist}(E, F)$.

[d] Ersetze m durch $m - 1$ und gehe zu [2] falls $m > 0$, sonst zu [3].

[3] Lege „plausible" Partition auf Grundlage von $h_1, \dots, h_{n-1}$ fest.

Linkage-Optionen für Cluster-Distanzmatrix

	$d(A,B)$	$d(A \cup B, C)$	
single	$\min_{i\in A, j\in B} D_{ij}$	$\min(d(A,C), d(B,C))$	(10.48)
complete	$\max_{i\in A, j\in B} D_{ij}$	$\max(d(A,C), d(B,C))$	(10.49)
average	$\sum_{i\in A, j\in B} \frac{D_{ij}}{\lvert A\rvert\lvert B\rvert}$	$\frac{\lvert A\rvert d(A,C) + \lvert B\rvert d(B,C)}{\lvert A\rvert + \lvert B\rvert}$	(10.50)
centroid	$\lVert\bar{x}_A - \bar{x}_B\rVert^2$	$\frac{\lvert A\rvert d(A,C) + \lvert B\rvert d(B,C)}{\lvert A\rvert + \lvert B\rvert} - \frac{\lvert A\rvert\lvert B\rvert d(A,B)}{(\lvert A\rvert + \lvert B\rvert)^2}$	(10.51)
Ward	$\frac{\lVert\bar{x}_A - \bar{x}_B\rVert^2}{1/\lvert A\rvert + 1/\lvert B\rvert}$	$\frac{(\lvert A\rvert + \lvert C\rvert)d(A,C) + (\lvert B\rvert + \lvert C\rvert)d(B,C)}{\lvert A\rvert + \lvert B\rvert + \lvert C\rvert} - \frac{\lvert C\rvert d(B,C)}{(\lvert A\rvert + \lvert B\rvert)^2}$	(10.52)

11 Wahrscheinlichkeitsrechnung

11.1 Kombinatorik

Fakultät $0! = 1$ und für $n \in \mathbb{N}$ $n! = 1 \times 2 \times \cdots \times n$ (11.1)

Stirling-Formel $n! \sim \sqrt{2\pi n}\left(\frac{n}{e}\right)^n$, d.h. $\lim\limits_{n\to\infty} n! \Big/ \sqrt{2\pi n}\left(\frac{n}{e}\right)^n = 1$ (11.2)

Binomialkoeffizient Für $n, k \in \mathbb{N}_0$: $\binom{n}{k} = \begin{cases} \frac{n!}{k!(n-k)!} & k \le n \\ 0 & k > n \end{cases}$ (11.3)

Additivität des Binomialkoeffizienten $\binom{n}{k} + \binom{n}{k+1} = \binom{n+1}{k+1}$ (11.4)

Ziehung von k Kugeln aus Urne mit n unterscheidbaren Kugeln

	Permutationen (m. Reihenfolge)		Kombinationen (o. Reihenfolge)	
o. Wiederholung	$\frac{n!}{(n-k)!}$	(11.5)	$\binom{n}{k}$	(11.6)
m. Wiederholung	n^k	(11.7)	$\binom{k+n-1}{n-1}$	(11.8)

Regeln für endliche Mengen A, B:

- **Siebformel**: $|A \cup B| = |A| + |B| - |A \cap B|$ (11.9)
- **Bijektion**: $|A| = |B|$, wenn es eine bijektive Abbildung $f : A \to B$ gibt. (11.10)
- **Partitionen** von n Elementen $A_1, \ldots, A_k$ ($|A_i| = n_i$): $\dfrac{n!}{n_1! \cdots n_k!}$ (11.11)

11.2 Regeln für allgemeine Wahrscheinlichkeiten

Kolmogoroff-Axiome Ein Wahrscheinlichkeitsmodell $(\Omega, \mathcal{S}, P)$ besteht aus

- einem **Grundraum** $\Omega \neq \emptyset$
- einer σ-**Algebra** $\mathcal{S} \subseteq \mathcal{P}(\Omega)$,d.h. mit $\Omega \in \mathcal{S}$ und
  $A \in \mathcal{S} \Rightarrow A^c \in \mathcal{S}$
  $A_1, A_2, \dots \in \mathcal{S} \Rightarrow \bigcup_{i=1}^{\infty} A_i \in \mathcal{S}$,
  $(\Omega, \mathcal{S})$ heißt **messbarer Raum**, $A \in \mathcal{S}$ heißt **Ereignis**.
- einem **Wahrscheinlichkeitsmaß** $P : \mathcal{S} \to [0; 1]$ mit
  $P(\Omega) = 1$
  $P(\bigcup_{i=1}^{\infty} A_i) = \sum_{i=1}^{\infty} P(A_i)$, falls $A_i \in \mathcal{S}$ und paarweise disjunkt sind.

Beispiele für σ-Algebren

- **Borel-σ-Algebra** $\mathbb{B}$ $(\Omega = \mathbb{R})$: kleinste σ-Algebra, die alle Intervalle enthält.
- **Potenzmenge** $\mathcal{P}(\Omega)$. Menge aller Teilmengen von Ω

Grundformeln für Ereignisse $A, B, A_1, A_2, \ldots$:

unmögliches Ereignis	$P(\emptyset) = 0$	(11.12)
Gegenereignis	$P(A^c) = 1 - P(A)$	(11.13)
Siebformel	$P(A \cup B) = P(A) + P(B) - P(A \cap B)$	(11.14)
	$P(A_1 \cup \cdots \cup A_n) = P(A_1) + \cdots + P(A_n)$, wenn $A_1, \ldots, A_n$ paarweise disjunkt sind.	(11.15)
relatives Komplement	$P(B \setminus A) = P(B) - P(A \cap B)$	(11.16)
Monotonie	$A \subseteq B \Rightarrow P(A) \leq P(B)$	(11.17)

11.3 Bedingte Wahrscheinlichkeit und Unabhängigkeit

Zwei (stochastisch) unabhängige Ereignisse A, B: $P(A \cap B) = P(A)P(B)$. (11.18)

stoch. unabhängige Ereignisse $A_1, \ldots, A_n$ Für alle $k \leq n$ und je k verschiedene Ereignisse $A_{i_1}, \ldots, A_{i_k}$ gilt $P(A_{i_1} \cap \cdots \cap A_{i_k}) = P(A_{i_1}) \cdots P(A_{i_k})$. (11.19)

Bedingte Wahrscheinlichkeit $P_B(A) = P(A|B) = \frac{P(A \cap B)}{P(B)}$ für $P(B) > 0$. (11.20)

Pfadregel	$P(A \cap B) = P(A)P_A(B)$, falls $P(A) > 0$.	(11.21)
	$P(A_1 \cap \cdots \cap A_n) = P(A_1) \prod_{i=2}^{n} P_{A_1 \cap \cdots \cap A_{i-1}}(A_i)$, sofern $P(A_1 \cap \cdots \cap A_{n-1}) > 0$	(11.22)
jeweils für $\Omega = \bigcup_{i \in I} B_i$, $I \subseteq \mathbb{N}$, B_i paarweise disjunkt, $P(B_i) > 0$:		
Totale Wahrscheinlichkeit	$P(A) = \sum_{i \in I} P(B_i) P_{B_i}(A)$	(11.23)
Bayes-Formel	$P_A(B_i) = P(B_i)P_{B_i}(A) / \sum_{j \in I} P(B_j) P_{B_j}(A)$	(11.24)

11.4 Zufallsvariablen

Zufallsvariable (ZV): Eine messbare[1] Abbildung X eines Wahrscheinlichkeitsraumes $(\Omega, \mathcal{S}, P)$ in einen messbaren Raum $(\mathcal{X}, \mathcal{T})$.

Univariate bzw. multivariate ZV[2] für $\mathcal{X} = \mathbb{R}$ bzw. $\mathcal{X} = \mathbb{R}^k$, $k \in \mathbb{N}$.

Verteilung $\mathcal{L}(X)$ einer Zufallsvariablen[3]: erklärt durch $P(X \in B) = P(X^{-1}(B))$, $B \in \mathcal{T}$. Andere Schreibweise: $X \sim P$ für $\mathcal{L}(X) = P$.

Verteilungsfunktion (VF) einer univariaten ZV: $F_X(x) = P(X \leq x)$.

Spezialfälle

- Eine **diskrete** (univariate/multivariate) Zufallsvariable X hat diskreten (d.h. nur aus isolierten[4] Werten bestehenden) **Träger** $\mathcal{X} = \{x_i : i \in I\} \subset \mathbb{R}^k$, ($I = \{1, \ldots, n\}$ oder $I = \mathbb{N}$) und

$$P(X \in B) = \sum_{i \in I} P(X = x_i) \mathbf{1}_B(x_i) \tag{11.25}$$

[1] d.h. $X^{-1}(B) \in \mathcal{S}$ für alle $B \in \mathcal{T}$ [2] Multivariat: **Zufallsvektor** [3] $\mathcal{L}$ rührt vom englischen Begriff „law“ für Verteilung. [4] Ein Punkt $x \in \mathbb{D} \subset \mathbb{R}^k$ heißt **isoliert** innerhalb $\mathbb{D}$, wenn es ein $\epsilon > 0$ gibt mit $B_\epsilon(x) \cap \mathbb{D} = \{x\}$

Speziell: $\mathcal{L}(\mathbf{1}_A)$ ist eine **Bernoulli-Verteilung** $\mathcal{B}(1,p)$, $p = P(A)$.

- Eine **stetige** Zufallsvariable X hat ein Trägerintervall $\mathcal{X} =]a;b[$ (ggf. $a = -\infty$ und/oder $b = \infty$) und eine (bis auf isolierte Punkte) stetige Dichte $f_X(x)$ und

$$P(X \in [r;s]) = \int_r^s f_X(x)dx \tag{11.26}$$

Ihre Verteilungsfunktion ist $F_X(x) = P(X \leq x) = \int_{-\infty}^x f_X(t)dt$, $F'_X(x) = f_X(x)$.

(Stochastisch) Unabhängige Zufallsvariablen $X_1, \dots, X_n$:

$$P(X_1 \in B_1, \dots, X_n \in B_n) = P(X_1 \in B_1) \cdots P(X_n \in B_n) \ \forall \text{ Ereignisse } B_i \tag{11.27}$$

- **St.u. diskrete ZV**: $P(X_1 = x_1, \dots, X_n = x_n) = \prod_{i=1}^n P(X_i = x_i) \ \forall x_i \in \mathbb{R}$ (11.28)
- **St.u. stetige ZV**: $f(x_1, \dots, x_n) = \prod_{i=1}^n f_i(x_i)$ (11.29)
  mit der gemeinsamen Dichte f und den Randdichten f_i von $\mathcal{L}(X_i)$.

Zufallsvariablen $X_1, X_2, \dots$ sind eine **u.i.v.-Folge**, wenn $\forall n \in \mathbb{N}$ $X_1, X_2, \dots, X_n$ st.u. sind und alle X_i dieselbe Verteilung haben.

11.5 Multivariate Verteilungen

Eine **multivariate Verteilung** $\mathcal{L}(X_1, \dots, X_k)$ ist die Verteilung eines Zufallsvektors $\mathbf{X} = (X_1, \dots, X_k)$. Spezialfälle:

- **Diskrete** Dichte $f(x_1, \dots, x_k) = P(\mathbf{X} = (x_1, \dots, x_k))$, wobei

  $P(\mathbf{X} \in \mathcal{X}) = 1$ mit einer Menge $\mathcal{X} = \{x^{(1)}, x^{(2)}, \dots,\}$ isolierter[4] Punkte des $\mathbb{R}^k$.
- **Stetige** Dichte : eine Funktion $f(x_1, \dots, x_k) \geq 0$ so dass $\forall a_i \leq b_i$:
  $P(\mathbf{X} \in [a_1;b_1] \times \dots \times [a_k;b_k]) = \int_{a_1}^{b_1} \cdots \int_{a_k}^{b_k} f(x_1, \dots, x_k)dx_1 \dots, dx_k$.

Randverteilung von $X_1, \dots, X_k$ ist die gemeinsame Verteilung eines Teils $\mathbf{X}_I = (X_i)_{i \in I}$ der ZV, wobei $I \subseteq \{1, \dots, k\}$. Es gilt

$$P(\mathbf{X}_I \in B) = E(\mathbf{1}_B(\mathbf{X}_I)) \tag{11.30}$$

Dichte der bedingten Verteilung $\mathcal{L}(X|Y = y)$ eines (bivariaten) Zufallsvektors (X, Y) mit Dichte $f_{X,Y}$ und Randdichten f_X, f_Y:

$$f_{X|Y=y}(x) = \begin{cases} f_{X,Y}(x,y)/f_Y(y) & \text{wenn } f_Y(y) > 0 \\ f_X(x) & \text{wenn } f_Y(y) = 0 \end{cases} \tag{11.31}$$

Formeln sinngemäß auch für allgemeine (höherdimensionale) Zufallsvektoren X, Y

11.6 Transformation stetiger Verteilungen

Dichtetransformation bei bijektiver, differenzierbarer Funktion g und $h = g^{-1}$:

Univariat	$f_{g(X)}(y) = \left\lvert \frac{\partial}{\partial y} h(y) \right\rvert f_X(h(y)) \cdot \mathbf{1}_{g(\mathcal{X})}(y)$	(11.32)
Bivariat	$f_{g(X,Y)}(u,v) = f_{X,Y}(h(u,v)) \cdot \lvert\det(J_h(u,v))\rvert \cdot \mathbf{1}_{g(\mathcal{X})}(u,v)$	(11.33)

Algebraische Operationen auf st.u. stetigen ZV X, Y

Summe	$f_{X+Y}(z) = \int_{-\infty}^{\infty} f_X(x) f_Y(z-x) dx$ **(Faltung $\mathcal{L}(X) * \mathcal{L}(Y)$)**	(11.34)
Produkt	$f_{XY}(z) = \int_{-\infty}^{\infty} 1/\lvert x\rvert \cdot f_X(x) f_Y(z/x) dx$	(11.35)
Quotient	$f_{X/Y}(z) = \int_{-\infty}^{\infty} \lvert x\rvert \cdot f_X(zx) f_Y(x) dx$	(11.36)

Faltung $\mathcal{L}(X) * \mathcal{L}(Y)$ st.u. diskreter ZV X, Y mit Träger $\mathbb{N}_0$

$$P(X+Y=n) = \sum_{k=0}^{n} P(X=k) P(Y=n-k), n \in \mathbb{N}_0 \tag{11.37}$$

11.7 Erwartungswert[5]

Definition – Transformationsformel, h meßbar

- **Diskret:**

$$E(h(X_1,\ldots,X_k)) \overset{(*)}{=} \sum_{i=1}^{\infty} h(x_1^{(i)},\ldots,x_k^{(i)}) \cdot f_{\mathbf{X}}(x_1^{(i)},\ldots,x_k^{(i)}) \tag{11.38}$$

- **Stetig:**

$$E(h(X_1,\ldots,X_k)) \overset{(*)}{=} \int_{-\infty}^{\infty} \cdots \int_{-\infty}^{\infty} h(x_1,\ldots,x_k) \cdot f_{\mathbf{X}}(x_1,\ldots,x_k)\, dx_1 \ldots, dx_k \tag{11.39}$$

[5] Regeln $(*)$ gelten auch f.s. für $E(\cdots|\mathbf{Y}=\mathbf{y})$ unter Verwendung der bedingten Dichte $f_{\mathbf{X}|\mathbf{Y}=\mathbf{y}}$.

Integral-darstellungen	$E(X) = \int_0^\infty (1 - F_X(x))dx$ für $X \geq 0$	(11.40)
	$E(X) = \int_0^1 F_X^{-1}(u)du$	(11.41)
Linearität	$E(aX + bY + c) \overset{(*)}{=} aE(X) + bE(Y) + c \;\forall a, b, c \in \mathbb{R}$	(11.42)
Multiplikativität	$E(XY) = E(X)E(Y)$ für st.u. X, Y	(11.43)
Anordnung	$X \geq Y \quad \Rightarrow \quad E(X) \overset{(*)}{\geq} E(Y)$	(11.44)
Markoff-Ungleichung	$P(X \geq c) \leq \frac{E(X)}{c} \quad \forall c > 0$ für $X \geq 0$	(11.45)
Jensen-Ungleichung	$h(E(X)) \overset{(*)}{\leq} E(h(X))$ für konvexes g	(11.46)
Totale WS	$E(E(h(X)\|Y)) = E(h(X))$	(11.47)
Faktorisierung	$E(X \cdot h(Y)\|Y = y) = h(y)E(X\|Y = y)$ f.s.	(11.48)
Substitution	$E(h(X, Y)\|Y = y) = E(h(X, y))$ f.s. für st.u. X, Y	(11.49)

11.8 Verteilungskennzahlen für univariate ZV X

Momentenbasierte Kennzahlen

- k-tes **nichtzentrales Moment**: $E(X^k)$
- k-tes **zentrales Moment**: $\mu_k = E((X - E(X))^k)$.

Varianz $var(X) = \mu_2 = E((X - E(X))^2)$ (11.50)

$= E(X^2) - (E(X))^2$ (11.51)

Standardabweichung $\sigma(X) = \sqrt{\mu_2}$ (11.52)

- k-tes **standardisiertes Moment**: $\hat{\mu}_k = \mu_k / (\sigma(X))^k$).

Schiefe $\hat{\mu}_3 = E((X - E(X))^3)/\sigma(X)^3$ (11.53)

Kurtosis $\hat{\mu}_4 = E((X - E(X))^4)/var(X)^2$ (11.54)

Regeln für Varianzen

- $var(aX + bY + c) = a^2 var(X) + b^2 var(Y) + ab \cdot cov(X, Y) \quad \forall a, b, c \in \mathbb{R}$. (11.55)
- **Tschebyscheff-Ungleichung**: $P(|X - E(X)| > \epsilon) \leq \dfrac{var(X)}{\epsilon^2}$ für $\epsilon > 0$. (11.56)

Quantilfunktion $F_X^{-1}(t) := \xi_t(X) = \inf\{x \in \mathbb{R} : F_X(x) \geq t\}$ (11.57)

11.9 Grenzwertsätze für u.i.v. ZV $X_1, X_2, \ldots$

Satz von Glivenko-Cantelli $P(\lim_{n\to\infty} \sup_{x\in\mathbb{R}} |\hat{F}_n(x) - F_{X_1}(x)| = 0) = 1$ (11.58)

Existiert $\mu = E(X_1)$ bzw. $\sigma^2 = var(X_1) > 0$, so gilt $\forall \epsilon > 0, x \in \mathbb{R}$:

Schwaches Gesetz gr. Zahlen	$\lim_{n\to\infty} P(\|\bar{X}_n - \mu\| > \epsilon) = 0$	(11.59)
Starkes Gesetz gr. Zahlen	$P(\lim_{n\to\infty} \bar{X}_n = \mu) = 1$	(11.60)
Zentraler Grenzwertsatz (ZGS)	$\lim_{n\to\infty} P(\sqrt{n}\frac{\bar{X}_n - \mu}{\sigma} \leq x) = \Phi(x)$	(11.61)

Ist zudem $\mathbb{D} \subseteq \mathbb{R}$ mit $\bar{X}_n \in \mathbb{D}$ und $f : \mathbb{D} \to \mathbb{R}$ differenzierbar, so gilt:

Delta-Methode im ZGS	$\lim_{n\to\infty} P(\sqrt{n} \cdot \frac{f(\bar{X}_n) - f(\mu)}{f'(\mu) \cdot \sigma} \leq x) = \Phi(x)$	(11.62)

11.10 Kennzahlen multivariater Verteilungen

Für ZV X, Y mit existierenden Varianzen:

- **Kovarianz** $cov(X, Y) = E((X - E(X))(Y - E(Y)))$ (11.63)
  $= E(XY) - E(X)E(Y)$ (11.64)
- **Korrelation** $cor(X, Y) = cov(X, Y)/\sqrt{var(X)var(Y)} \in [-1; 1]$ (11.65)

X, Y heißen **unkorreliert**, wenn $cov(X, Y) = 0$. St.u. ZV X, Y mit existierenden Varianzen sind unkorreliert.

Kovarianzmatrix Für einen Zufallsvektor $\mathbf{X} = (X_1, \ldots, X_n)$ heißt (falls existent)

$$cov(\mathbf{X}) = \begin{pmatrix} cov(X_1, X_1) & cov(X_1, X_2) & \ldots & cov(X_1, X_n) \\ cov(X_2, X_1) & cov(X_2, X_2) & \ldots & cov(X_2, X_n) \\ \vdots & \vdots & & \vdots \\ cov(X_n, X_1) & cov(X_n, X_2) & \ldots & cov(X_n, X_n) \end{pmatrix} \quad (11.66)$$

Kovarianzmatrix von $\mathbf{X}$.

Eigenschaften:

- $cov(\mathbf{X})$ ist positiv semidefinit.
- $cov(A\mathbf{X} + b) = A^T cov(\mathbf{X}) A$ für alle $A \in \mathbb{R}^{k\times n}$, $b \in \mathbb{R}^k$

12 Verteilungen

Formeln mit Bezug auf eine ZV X mit Werten $x \in \mathcal{X} \subseteq \mathbb{R}$ bzw. eine u.i.v.-Stichprobe $X_1, \ldots, X_n$ (geordnet: $\min(X_i) = X^{(1)} \leq X^{(2)} \leq \cdots \leq X^{(n)} = \max(X_i)$) bzw. eine u.i.v.-Folge $(X_n)_{n \in \mathbb{N}}$. In 12.1 ist $\mathcal{X}$ abzählbar, diskret mit isolierten Trägerpunkten $x_i \in \mathbb{R}$, in 12.2 ist der Träger $\mathcal{X} = \mathbb{R}$ oder Intervall der Form $[a;b],]-\infty;a]$, $[b;\infty[$ mit $a, b \in \mathbb{R}$. Angegeben werden, falls (in geschlossener Form) verfügbar:

Statistik

- Dichte $f(x) = f_X(x)$
- **Verteilungsfunktion** $F(x) = P(X \leq x) = \begin{cases} \sum\limits_{t \in \mathcal{X}, t \leq x} f(t) & \text{diskreter Fall} \\ \int\limits_{-\infty}^{x} f_X(t) \mathbf{1}_{\mathcal{X}}(t) dt & \text{stetiger Fall} \end{cases}$
- **Erwartungswert** $E(X) = \begin{cases} \sum\limits_{x \in \mathcal{X}} x \cdot f(x) & \text{diskreter Fall} \\ \int\limits_{-\infty}^{\infty} x \cdot f_X(x) \mathbf{1}_{\mathcal{X}}(x) dx & \text{stetiger Fall} \end{cases}$
- **Varianz** $var(X) = \begin{cases} \sum\limits_{x \in \mathcal{X}} (x - E(X))^2 f(x) & \text{diskreter Fall} \\ \int\limits_{-\infty}^{\infty} (x - E(X))^2 f(x) \mathbf{1}_{\mathcal{X}}(x) dx & \text{stetiger Fall} \end{cases}$
- **Median** $med(X) := \xi_{0.5}(X)$
- **Quantil**: $\xi_t = \xi_t(X) = F_X^{-1}(t)$
- **Faltung** $\mathcal{L}(X) * \mathcal{L}(Y) = \mathcal{L}(X + Y)$ zweier st.u. ZV aus der Verteilungsfamilie
- **Maximum-Likelihood-Schätzer** $\hat{\theta} = \hat{\theta}_{ML}$ zur Dichte $f(x) = f_\theta(x)$, d.h.

$$L(\theta, x_1, \ldots, x_N) = \prod_{i=1}^{N} f_\theta(x_i) \tag{12.1}$$

$$\hat{\theta} = \hat{\theta}_{ML}(x_1, \ldots, x_N) = \arg\max_{\theta \in \Theta} L(\theta, x_1, \ldots, x_N) \tag{12.2}$$

  mit **Standardfehler** $SE(\hat{\theta}) = var(\hat{\theta})^{1/2}$ und Schätzer[1] $\hat{\sigma}(\theta)$ des Standardfehlers.
- $(1 - \alpha)$-**Konfidenzintervalle**[2,3] (KI) I_n für $\theta \in \mathbb{R}$:

linksseitig	rechtsseitig	zweiseitig	
$I =]-\infty; G_U]$	$I = [G_O; \infty[$	$I = [G_L; G_R]$	(12.3)

- **Zusammenhänge** mit anderen Verteilungen

[1]Auch der Schätzer wird als Standardfehler bezeichnet. [2]d.h. $P(\theta \in I_n | \theta) = 1 - \alpha$ bzw. (approximativ) $\lim_{n \to \infty} P(\theta \in I_n) = 1 - \alpha$ für alle $\theta \in \mathbb{R}$ [3]der Standardfehler $\hat{\sigma}(\theta)$ bei approximativen Konfidenzintervallen wurde mit der δ-Methode ermittelt.

■ R-Befehle (<xxx> steht für eine Verteilung)

Dichte $f(x)$	`d<xxx>(x,...)`	(12.4)
Verteilungsfunktion $F(x)$	`p<xxx>(q=x,...)`	(12.5)
	Option `lower.tail=TRUE` ergibt $P(X \leq x)$	
	Option `lower.tail=FALSE` ergibt $P(X > x)$	
Quantile ξ_t	`q<xxx>(p=t,...)`	(12.6)
	Option `lower.tail=TRUE` ergibt ξ_t	
	Option `lower.tail=FALSE` ergibt ξ_{1-t}	
n Zufallszahlen	`r<xxx>(n,...)`	(12.7)

12.1 Diskrete univariate Verteilungen

Gleichverteilung, Laplace-Experiment $\mathcal{X} = \{x_1, \ldots, x_n\}$, $x_1 < x_2 < \cdots < x_n$

Dichte	$P(X = x_i) = f(x_i) = 1/n$	(12.8)
Verteilungsfunktion	$F(x) = \frac{1}{n} \sum\limits_{i=1}^{n} \mathbf{1}_{[x_i;\infty[}(x)$	(12.9)
Erwartungswert	$E(X) = \bar{x} = \frac{1}{n} \sum\limits_{i=1}^{n} x_i$	(12.10)
Varianz	$var(X) = \frac{1}{n} \sum\limits_{i=1}^{n} (x_i - \bar{x})^2$	(12.11)
Median	$med(X) = \begin{cases} \frac{x_{n/2} + x_{n/2+1}}{2} & n \text{ gerade} \\ x_{(n+1)/2} & n \text{ ungerade} \end{cases}$	(12.12)
Quantil	$\xi_\alpha = x_{\lceil n\alpha \rceil}$	(12.13)
R-Befehle	vgl. R-Befehle zur deskriptiven Statistik	

Bernoulliverteilung $Bin(1, p)$ $\mathcal{X} = \{0, 1\}$, $p \in [0; 1]$

Dichte	$f(x) = p^x (1-p)^{1-x}$	(12.14)
Verteilungsfunktion	$F(x) = (1-p) \cdot \mathbf{1}_{[0;\infty[}(x) + p \cdot \mathbf{1}_{[1;\infty[}(x)$	(12.15)
Erwartungswert	$E(X) = p$	(12.16)

Varianz	$var(X) = p(1-p)$	(12.17)
Median	$med(X) \in [0,1]$ $(p = \frac{1}{2})$, $= 1$ $(p > \frac{1}{2})$, $= 0$ $(p < \frac{1}{2})$	(12.18)
Quantil	$\xi_\alpha = 1$ für $p > 1-\alpha$, $= 0$ für $p \leq 1-\alpha$	(12.19)
ML-Schätzung	vgl. Binomialverteilung für $n = 1$	
KI	vgl. Binomialverteilung für $n = 1$	
Zusammenhänge	Ist Y eine Zufallsvariable, B ein Ereignis und $Z = 1_B(Y)$, dann ist $Z \sim Bin(1,p)$ mit $p = P(Y \in B)$	(12.20)
	$X_1 + \cdots + X_n \sim Bin(n,p)$	(12.21)
	$\inf\{n : X_1 + \cdots + X_n \geq r\} \sim NBin(r,p)$ für $r \in \mathbb{N}$	(12.22)
	siehe Exponentialverteilung	(12.23)
R-Befehle	vgl. Binomialverteilung für $n = 1$	

Binomialverteilung $Bin(n,p)$ — $\mathcal{X} = \{0,\ldots,n\}$, $n \in \mathbb{N}$, $p \in [0;1]$

Dichte	$f(x) = \binom{n}{x} p^x (1-p)^{n-x}$	(12.24)
	$f(x) \approx \frac{\lambda^x}{x!}e^{-\lambda}$, n groß, $np \approx \lambda$ (Poisson-GWS)	(12.25)
Verteilungsfunktion	$\frac{F(x)}{n-x} = \int\limits_0^{1-p} \binom{n}{k} t^{n-k-1}(1-t)^k dt$ für $x < n$, $k = \lfloor x \rfloor$.	(12.26)
Moivre-Laplace	$P(\sqrt{n}\frac{X/n-p}{\sqrt{p(1-p)}} \leq t) \approx \Phi(t)$ für $np(1-p) > 9$	(12.27)
Erwartungswert	$E(X) = np$	(12.28)
Varianz	$var(X) = np(1-p)$	(12.29)
Median	$med(X) \in \big[\lfloor np \rfloor; \lfloor (n+1)p \rfloor\big]$	(12.30)
ML-Schätzung	$\hat{p} = \hat{p}_{ML} = \bar{x}, \qquad \hat{\sigma}^2 = \hat{\sigma}(p)^2 = \hat{p}(1-\hat{p})/n$	(12.31)
KI (approx.)	$G_U = \hat{p} + u_\alpha \cdot \hat{\sigma}$, $G_O = \hat{p} - u_{1-\alpha} \cdot \hat{\sigma}$, $G_L = \hat{p} - u_{1-\frac{\alpha}{2}} \cdot \hat{\sigma}$, $G_R = \hat{p} + u_{1-\frac{\alpha}{2}} \cdot \hat{\sigma}$	(12.32)
Zusammenhänge	$Bin(n_1,p) * Bin(n_2,p) = Bin(n_1+n_2,p)$ (Faltung)	(12.33)

Statistik

R-Befehle	`dbinom`, `pbinom`, `qbinom`, `rbinom` mit Optionen `size=n`, `prob=p`	(12.34)

Geometrische Verteilung $Geo(p)$ $\mathcal{X} = \mathbb{N}$
$p \in]0; 1]$

Dichte	$f(x) = p(1-p)^{x-1}$	(12.35)
Verteilungsfunktion	$F(x) = 1 - (1-p)^{\lfloor x \rfloor}$ for $x \geq 1$.	(12.36)
Erwartungswert	$E(X) = 1/p$	(12.37)
Varianz	$var(X) = (1-p)/p^2$	(12.38)
Median	$med(X) = \lceil -1/\log_2(1-p) \rceil$	(12.39)
Quantil	$\xi_\alpha = \lceil \ln(1-\alpha)/\ln(1-p) \rceil$	(12.40)
ML-Schätzung	$\hat{p}_{ML} = 1/\bar{x}, \qquad \hat{\sigma}^2 = \hat{\sigma}(p)^2 = \hat{p}^2(1-\hat{p})/n$	(12.41)
KI (approx.)	$G_U = \hat{p} - u_\alpha \cdot \hat{\sigma},\ G_O = \hat{p} + u_{1-\alpha} \cdot \hat{\sigma},$ $G_L = \hat{p} - u_{1-\frac{\alpha}{2}} \cdot \hat{\sigma},\ G_R = \hat{p} + u_{1-\frac{\alpha}{2}} \cdot \hat{\sigma}$	(12.42)
Zusammenhänge	siehe Exponentialverteilung	(12.43)
R-Befehle	`dgeom,pgeom,qgeom,rgeom` mit Option `prob=p`	(12.44)

Negativ-Binomialverteilung $NBin(r, p)$ $\mathcal{X} = \mathbb{N}_0$
$r \in \mathbb{N},\ p \in [0; 1]$

Dichte	$f(x) = \binom{r+x-1}{x} p^r (1-p)^x = (-1)^x \binom{-r}{x} p^r (1-p)^x$	(12.45)
Verteilungsfunktion	$F(x) = 1 - r \cdot \binom{r+x}{x} \cdot \int\limits_0^{1-p} t^x (1-t)^{r-1} dt$	(12.46)
Erwartungswert	$E(X) = rp/(1-p)$	(12.47)
Varianz	$var(X) = rp/(1-p)^2$	(12.48)
ML-Schätzung	$\hat{p} = \hat{p}_{ML} = r/(r+\bar{x}),\ \hat{\sigma}^2 = \hat{\sigma}(p)^2 = \hat{p}^2(1-\hat{p})/(rn)$	(12.49)
KI (approx.)	$G_U = \hat{p} - u_\alpha \cdot \hat{\sigma},\ G_O = \hat{p} + u_{1-\alpha} \cdot \hat{\sigma},$ $G_L = \hat{p} - u_{1-\frac{\alpha}{2}} \cdot \hat{\sigma},\ G_R = \hat{p} + u_{1-\frac{\alpha}{2}} \cdot \hat{\sigma}$	(12.50)

Zusammenhänge	$NBin(r_1, p) * NBin(r_2, p) = NBin(r_1 + r_2, p)$	(12.51)
R-Befehle	`dnbinom, pnbinom,qnbinom,rnbinom` mit Optionen `size=r,prob=p`	(12.52)

Hypergeometrische Verteilung $Hyp(M, K, n)$

$$0 \leq n, K \leq M$$
$$\mathcal{X} = \{\max(0, n-(M-K)), \ldots, \min(K, n)\}$$

Dichte	$f(x) = \binom{K}{x} \cdot \binom{M-K}{n-x} / \binom{M}{n}$	(12.53)
Erwartungswert	$E(X) = n \cdot K/M$	(12.54)
Varianz	$var(X) = n \cdot \frac{K}{M} \frac{M-K}{M} \frac{M-n}{M-1}$	(12.55)
R-Befehle	`dhyper,phyper,qhyper,rhyper(nn,...)` mit Optionen `m=K`, `n=M-K` und `k=n`	(12.56)

Poissonverteilung $Poi(\lambda)$

$$\mathcal{X} = \mathbb{N}_0$$
$$\lambda > 0$$

Dichte	$f(x) = \frac{\lambda^x}{x!} \cdot e^{-\lambda}$	(12.57)
Verteilungsfunktion	$F(x) = \int\limits_1^\infty \frac{\lambda^{x+1}}{x!} t^x e^{-\lambda t} dt$	(12.58)
Erwartungswert	$E(X) = \lambda$	(12.59)
Varianz	$var(X) = \lambda$	(12.60)
ML-Schätzung	$\hat{\lambda}_{ML} = \bar{x}, \qquad \hat{\sigma}^2 = \hat{\sigma}(\lambda)^2 = \hat{\lambda}/n$	(12.61)
KI (approx.)	$G_U = \hat{\lambda} - u_\alpha \cdot \hat{\sigma}$, $G_O = \hat{\lambda} + u_{1-\alpha} \cdot \hat{\sigma}$, $G_L = \hat{\lambda} - u_{1-\frac{\alpha}{2}} \cdot \hat{\sigma}$, $G_R = \hat{\lambda} + u_{1-\frac{\alpha}{2}} \cdot \hat{\sigma}$	(12.62)
Zusammenhänge	$Poi(\lambda) * Poi(\mu) = Poi(\lambda + \mu)$ (Faltung)	(12.63)
	siehe Exponentialverteilung	(12.64)
R-Befehle	`dpois,ppois,qpois,rpois` mit Option `lambda=`λ	(12.65)

Statistik

12.2 Stetige univariate Verteilungen

(Stetige) Gleichverteilung, Rechteckverteilung $Re(a, b)$ $\mathcal{X} = [a; b]$ $a < b$

Dichte	$f_X(x) = 1/(b-a)$	(12.66)
Verteilungsfunktion	$F_X(x) = \dfrac{x-a}{b-a} \cdot \mathbf{1}_{[a;b[}(x)$	(12.67)
Erwartungswert	$E(X) = \dfrac{(a+b)}{2}$	(12.68)
Varianz	$var(X) = (b-a)^2/12$	(12.69)
Median	$med(X) = \dfrac{a+b}{2}$	(12.70)
Quantil	$\xi_\alpha = a + (b-a)\alpha$	(12.71)
ML-Schätzungen	$\hat{a} = \hat{a}_{ML} = \min(x_i)$ und $\hat{b} = \hat{b}_{ML} = \max(x_i)$	(12.72)
KI	für a: $G_U = \hat{a} - c_\alpha(\hat{b} - \hat{a})$, für b: $G_O = \hat{b} + c_\alpha(\hat{b} - \hat{a})$ mit $c_\alpha = \alpha^{-1/(n-1)} - 1$	(12.73)
Zusammenhänge	$c + dX \sim Re(c + da, c + db)$ für $d > 0$	(12.74)
	$\frac{X-a}{b-a} \sim Re(0,1)$ für $d > 0$	(12.75)
	$-\ln(1 - \frac{X-a}{b-a}) \sim Exp(1)$	(12.76)
	mit $a = 0, b = 1$: $X^{(j)} \sim Be(j, n+1-j)$	(12.77)
R-Befehle	`dunif,punif,qunif,runif` mit Optionen with `min=a,max=b` (Default 0,1)	(12.78)

Exponentialverteilung $Exp(\lambda)$ $\mathcal{X} = [0, \infty[$ $\lambda > 0$

Dichte	$f_X(x) = \lambda e^{-\lambda x}$	(12.79)
Verteilungsfunktion	$F_X(x) = 1 - e^{-\lambda x}$	(12.80)
Erwartungswert	$E(X) = 1/\lambda$	(12.81)
Varianz	$var(X) = 1/\lambda^2$	(12.82)

Median	$med(X) = \ln(2)/\lambda$	(12.83)
Quantil	$\xi_\alpha = -\ln(1-\alpha)/\lambda$	(12.84)
ML-Schätzung	$\hat{\lambda} = \hat{\lambda}_{ML} = 1/\bar{x}$	(12.85)
KI	$G_U = \hat{\lambda} \cdot \chi_\alpha(2n)/(2n)$, $G_O = \hat{\lambda} \cdot \chi_{1-\alpha}(2n)/(2n)$, $G_L = \hat{\lambda} \cdot \chi_{\alpha/2}(2n)/(2n)$, $G_R = \hat{\lambda} \cdot \chi_{1-\alpha/2}(2n)/(2n)$	(12.86)
Zusammenhänge	$\lfloor X_1 \rfloor \sim Geo(1-e^{-\lambda})$	(12.87)
	$\inf\{n : \sum_{i=1}^n X_i \geq t\} \sim Poi(\lambda t)$, $t > 0$	(12.88)
	$X/c \sim Exp(c\lambda)$, $c > 0$	(12.89)
	$e^X \sim Par(1, \lambda)$	(12.90)
	$X^{1/c} \sim Wei(\lambda^{1/c}, c)$, $c > 0$	(12.91)
	$X_1 + \cdots + X_n \sim \Gamma(\lambda, n)$	(12.92)
	$X_1 - X_2 \sim DE(0, \lambda)$	(12.93)
	$\min(X_1/c_1, X_2/c_2) \sim Exp((c_1+c_2)\lambda)$	(12.94)
	siehe Rechteckverteilung, Chi-Quadrat-Verteilung	(12.95)
R-Befehle	`dexp,pexp,qexp,rexp` mit Option `rate=`λ (Default 1)	(12.96)

Doppelexponentialverteilung $DE(\mu, \lambda)$**, Laplace-Verteilung)** $\mathcal{X} = \mathbb{R}$

$\mu \in \mathbb{R}$, $\lambda > 0$

Dichte	$f_X(x) = \frac{1}{2\lambda} \exp(-\frac{\lvert x-\mu \rvert}{\lambda})$	(12.97)
Verteilungsfunktion	$F_X(x) = \frac{1}{2} + \frac{1}{2} \operatorname{sgn}(x-\mu)(1 - \exp(-\frac{\lvert x-\mu \rvert}{\lambda}))$	(12.98)
Erwartungswert	$E(X) = \mu$	(12.99)
Varianz	$var(X) = 2\lambda^2$	(12.100)
Median	$med(X) = \mu$	(12.101)
Quantil	$\xi_\alpha = -\mu - b \operatorname{sgn}(\alpha - 0.5) \ln(1 - 2\lvert\alpha - \frac{1}{2}\rvert)$	(12.102)

Statistik

ML-Schätzungen	$\hat{\mu}_{ML} = med(x_1, \ldots, x_N)$ (Stichprobenmedian) $\hat{\lambda}_{ML} = MA(x_1, \ldots, x_N)$	(12.103)
Zusammenhänge	siehe Exponentialverteilung	(12.104)
R-Befehle	`rmutil::dlaplace,plaplace,qlaplace,` `rlaplace`, Optionen `m=`μ, `s=`σ (Default 0,1)	(12.105)

Paretoverteilung $Par(\lambda, c)$

$\mathcal{X} = [\lambda, \infty[$
$\lambda, c > 0$

Dichte	$f_X(x) = c/\lambda \cdot (\lambda/x)^{c+1}$	(12.106)
Verteilungsfunktion	$F_X(x) = (1 - (\lambda/x)^c)$	(12.107)
Erwartungswert	$E(X) = \lambda c/(c-1)$ (f ür $c > 1$)	(12.108)
Varianz	$var(X) = \lambda^2 c/((c-1)^2(c-2))$ (für $c > 2$)	(12.109)
Median	$med(x) = \lambda \cdot \sqrt[c]{2}$	(12.110)
Quantil	$\xi_\alpha = \lambda / \sqrt[c]{1-\alpha}$	(12.111)
ML-Schätzungen	$\hat{\lambda} = \hat{\lambda}_{ML} = \min(x_i)$, $\hat{c} = \hat{c}_{ML} = n / \sum_{i=1}^{N} \log(x_i/\hat{\lambda})$	(12.112)
KI für c	$G_U = \frac{\hat{c}}{2n} \cdot \chi_\alpha(2(n-1))$, $G_O = \frac{\hat{c}}{2n} \cdot \chi_{1-\alpha}(2(n-1))$ $G_L = \frac{\hat{c}}{2n} \cdot \chi_{\alpha/2}(2(n-1))$, $G_R = \frac{\hat{c}}{2n} \cdot \chi_{1-\alpha/2}(2(n-1))$,	(12.113)
Zusammenhänge	siehe Exponentialverteilung	(12.114)
R-Befehle	`VGAM::dpareto,ppareto,qpareto,rpareto` mit Optionen `shape=`c (Default: 1) `scale=`λ (Default: 1)	(12.115)

Normalverteilung $\mathcal{N}(\mu, \sigma^2)$

$\mathcal{X} = \mathbb{R}$
$\mu \in \mathbb{R}$, $\sigma > 0$

Dichte	$f_X(x) = \frac{1}{\sqrt{2\pi\sigma^2}} \exp(-\frac{(x-\mu)^2}{2\sigma^2})$	(12.116)
Verteilungsfunktion	$F_X(x) = \Phi(\frac{x-\mu}{\sigma})$ mit $\Phi(x) = \int_{-\infty}^{x} \frac{1}{\sqrt{2\pi}} \cdot e^{-\frac{t^2}{2}} dt$ vertafelt bzw. numerisch (R)	(12.117)
Erwartungswert	$E(X) = med(X) = \mu$	(12.118)
Varianz	$var(X) = \sigma^2$	(12.119)

Median $med(X) = \mu$ (12.120)

Quantil u_α: vertafelt bzw. numerisch (R). (12.121)

ML-Schätzungen $\hat{\mu} = \hat{\mu}_{ML} = \bar{x}$, $\hat{\sigma}^2 = \hat{\sigma}^2_{ML} = \sigma^2_n(x)$ (vgl. (10.17)) (12.122)

KI für μ (σ bek.) $G_U = \hat{\mu} - u_{1-\alpha} \cdot \frac{\sigma}{\sqrt{n}}$, $G_O = \hat{\mu} + u_{1-\alpha} \cdot \frac{\sigma}{\sqrt{n}}$, (12.123)
$G_L = \hat{\mu} - u_{1-\alpha/2} \cdot \frac{\sigma}{\sqrt{n}}$, $G_R = \hat{\mu} + u_{1-\alpha/2} \cdot \frac{\sigma}{\sqrt{n}}$

KI für μ (σ unbek.) $G_U = \hat{\mu} - t_{1-\alpha} \cdot \frac{S}{\sqrt{n}}$, $G_O = \hat{\mu} + t_{1-\alpha} \cdot \frac{S}{\sqrt{n}}$, (12.124)
$G_L = \hat{\mu} - t_{1-\alpha/2} \cdot \frac{S}{\sqrt{n}}$, $G_R = \hat{\mu} + t_{1-\alpha/2} \cdot \frac{S}{\sqrt{n}}$
mit $S^2 = \frac{1}{n-1} \sum_{i=1}^n (X_i - \bar{X})^2$ und $t = t(n-1)$

KI für σ (μ bek.) $G_U = \frac{(n-1) \cdot S^2}{\chi_{1-\alpha}}$, $G_O = \frac{(n-1) \cdot S^2}{\chi_\alpha}$, (12.125)
$G_L = \frac{(n-1) \cdot S^2}{\chi_{1-\alpha/2}}$, $G_U = \frac{(n-1) \cdot S^2}{\chi_{\alpha/2}}$
mit $S^2 = \frac{1}{n-1} \sum_{i=1}^n (X_i - \mu)^2$ und $\chi = \chi(n)$

KI für σ (μ unbek.) $G_U = \frac{(n-1) \cdot S^2}{\chi_{1-\alpha}}$, $G_O = \frac{(n-1) \cdot S^2}{\chi_\alpha}$, (12.126)
$G_L = \frac{(n-1) \cdot S^2}{\chi_{1-\alpha/2}}$, $G_U = \frac{(n-1) \cdot S^2}{\chi_{\alpha/2}}$
mit $S^2 = \frac{1}{n-1} \sum_{i=1}^n (X_i - \bar{X})^2$ und $\chi = \chi(n-1)$

Zusammenhänge $aX + b \sim \mathcal{N}(a\mu + b, a^2\sigma^2)$, $a > 0, b \in \mathbb{R}$ (12.127)

$\frac{X-\mu}{\sigma} \sim \mathcal{N}(0,1)$ (12.128)

$\mathcal{N}(\mu, \sigma^2) * \mathcal{N}(\nu, \tau^2) = \mathcal{N}(\mu + \nu, \sigma^2 + \tau^2)$ (Faltung) (12.129)

$e^X \sim \mathcal{LN}(\mu, \sigma^2)$ (12.130)

$(\frac{X_1-\mu}{\sigma})^2 + \cdots + (\frac{X_n-\mu}{\sigma})^2 \sim \chi^2(n)$ (12.131)

$X_{n+1}/\sqrt{(X_1 + \cdots + X_n)/n} \sim t(n)$ (12.132)

$\frac{\bar{X}_n-\mu}{S/\sqrt{n}} \sim t(n-1)$ mit $S^2 = \frac{1}{n-1} \sum\limits_{i=1}^n (X_i - \bar{X}_n)^2$ (12.133)

R-Befehle `dnorm,pnorm,qnorm,rnorm` mit Optionen (12.134)
`mu=`μ, `sd=`σ (Default: 0,1)

Lognormalverteilung $\mathcal{LN}(\mu, \sigma^2)$ $\mathcal{X} = [0; \infty[$
$\mu \in \mathbb{R}$, $\sigma > 0$

Dichte $f_X(x) = \frac{1}{\sqrt{2\pi} \cdot \sigma} \cdot \frac{1}{x} \cdot \exp\left(-\frac{1}{2} \cdot \left(\frac{\ln(x)-\mu}{\sigma}\right)^2\right)$ (12.135)

Statistik

Verteilungsfunktion	$F_X(x) = \Phi((\ln(x) - \mu)/\sigma)$	(12.136)
Erwartungswert	$E(X) = \exp(\mu + \sigma^2/2)$	(12.137)
Varianz	$var(X) = \exp(2\mu + \sigma^2) \cdot (\exp(\sigma^2) - 1)$	(12.138)
Median	$med(X) = \exp(\mu)$	(12.139)
Quantil	$\xi_\alpha = \exp(\mu + u_\alpha \cdot \sigma)$	(12.140)
Zusammenhänge	siehe Normalverteilung	(12.141)
ML-Schätzungen	$\hat{\mu}_{ML} = \frac{1}{N}\sum_{i=1}^{N} \ln(x_i),\ \hat{\sigma}^2_{ML} = \frac{1}{N}\sum_{i=1}^{N}(\ln(x_i) - \hat{\mu}_{ML})^2$	(12.142)
R-Befehle	`dlnorm,plnorm,qlnorm,rlnorm` mit Optionen `meanlog=`μ,`sdlog=`σ (Default 0,1)	(12.143)

(Zentrale) Chi-Quadrat-Verteilung $\chi^2(n) = \Gamma(\frac{1}{2}, \frac{n}{2})$ $\mathcal{X} = [0; \infty[$ $n \in \mathbb{N}$

Dichte	$f_X(x) = \dfrac{x^{n/2-1}e^{-x/2}}{2^{n/2}\Gamma(n/2)}$	(12.144)
Erwartungswert	$E(X) = n$	(12.145)
Varianz	$var(X) = 2n$	(12.146)
Quantil	$\chi_\alpha(n)$: vertafelt, numerisch (R)	(12.147)
Zusammenhänge	$\chi^2(2) = Exp(1)$	(12.148)
	$\chi^2(n) = \Gamma(\frac{1}{2}, \frac{n}{2})$	(12.149)
	Sind $X \sim \chi^2(m), Y \sim \chi^2(n)$ st.u. dann ist $\frac{X/m}{Y/n} \sim F_{m,n}$	(12.150)
	siehe Normalverteilung	(12.151)
R-Befehle	`dchisq,pchisq,qchisq,rchisq` mit Option `df=`n	(12.152)

(Zentrale) Student-t-Verteilung $t(n)$ $\mathcal{X} = \mathbb{R}$ $n \in \mathbb{N}$

Dichte	$f_X(x) = \dfrac{\Gamma((n+1)/2)}{\sqrt{n\pi} \cdot \Gamma(n/2)} \cdot \left(1 + x^2/n\right)^{-(n+1)/2}$	(12.153)

Erwartungswert/Median	$E(X) = 0$ für $n > 1$, $med(X) = 0$	(12.154)
Varianz	$var(X) = \frac{n}{n-2}$ für $n > 2$	(12.155)
Quantil	$t_\alpha(n)$: vertafelt, numerisch (R)	(12.156)
Zusammenhänge	$X^2 \sim F(1, n)$	(12.157)
	siehe Normalverteilung	(12.158)
R-Befehle	`dt,pt,qt,rt` mit Option `df=`n	(12.159)

(Zentrale) $F(m, n)$-Verteilung $\mathcal{X} = [0; \infty[$
$m, n \in \mathbb{N}$

Dichte	$f_X(x) = m^{m/2} n^{n/2} \frac{\Gamma((m+n)/2)}{\Gamma(m/2)\Gamma(n/2)} \frac{x^{m/2-1}}{(mx+n)^{(m+n)/2}}$	(12.160)
Erwartungswert	$E(X) = n/(n-2)$ $(n > 2)$	(12.161)
Varianz	$var(X) = \frac{2n^2(m+n-2)}{m(n-2)^2(n-4)}$ $(n > 4)$	(12.162)
Quantil	$F_\alpha(m, n)$; vertafelt, numerisch (R)	(12.163)
Zusammenhänge	siehe Chi-Quadrat-Verteilung, t-Verteilung	(12.164)
R-Befehle	`df,pf,qf,rf` mit Optionen `df1=m,df2=n`	(12.165)

Gammaverteilung $\Gamma(\lambda, c)$ $\mathcal{X} = [0, \infty[$
$\lambda, c > 0$

Dichte	$f_X(x) = \frac{\lambda^c}{\Gamma(c)} x^{c-1} e^{-\lambda x}$	(12.166)
Erwartungswert	$E(X) = c/\lambda$	(12.167)
Varianz	$var(X) = c/\lambda^2$	(12.168)
Zusammenhänge	$\Gamma(\lambda, c) * \Gamma(\lambda, d) = \Gamma(\lambda, c+d)$ (Faltung)	(12.169)
	$X \sim \Gamma(\lambda, \alpha)$, $Y \sim \Gamma(\lambda, \beta)$ st.u.$\Rightarrow \frac{X}{X+Y} \sim Be(\alpha, \beta)$	(12.170)
	siehe Exponentialverteilung, Chi-Quadratverteilung	(12.171)

R-Befehle	`dgamma,pgamma,qgamma,rgamma` mit Optionen `rate=`λ (Default 1), `shape=`c (Default 1)	(12.172)

Betaverteilung $Be(\alpha, \beta)$ — $\mathcal{X} =]0,1[$, $\alpha, \beta > 0$

Dichte	$f_X(x) = \dfrac{\Gamma(\alpha+\beta)}{\Gamma(\alpha)\Gamma(\beta)} x^{\alpha-1}(1-x)^{\beta-1}$	(12.173)
Erwartungswert	$E(X) = \alpha/(\alpha+\beta)$	(12.174)
Varianz	$var(X) = \alpha\beta/(\alpha+\beta+1)(\alpha+\beta)^2$	(12.175)
Zusammenhänge	$Be(1,1) = Re(0,1)$	(12.176)
	siehe Gammaverteilung, Rechteckverteilung	(12.177)
R-Befehle	`dbeta,pbeta,qbeta,rbeta` mit Optionen `shape1=`α, `shape1=`β, `ncp` (Default 0)	(12.178)

Weibullverteilung $Wei(\lambda, c)$ — $\mathcal{X} = [0, \infty[$, $\lambda, c > 0$

Dichte	$f_X(x) = c/\lambda \cdot (x/\lambda)^{c-1}$	(12.179)
Verteilungsfunktion	$F_X(x) = (1 - \exp(-(x/\lambda)^c))$	(12.180)
Erwartungswert	$E(X) = \lambda\Gamma(1 + 1/c)$	(12.181)
Varianz	$var(X) = \lambda^2(\Gamma(1+2/c) - \Gamma(1+1/c)^2)$	(12.182)
Median	$med(X) = \lambda\sqrt[c]{\ln(2)}$	(12.183)
Quantil	$\xi_\alpha = \lambda\sqrt[c]{-\ln(1-\alpha)}$	(12.184)
Zusammenhänge	siehe Exponentialverteilung	(12.185)
R-Befehle	`dweibull,pweibull,qweibull,rweibull` mit Optionen `shape=`c, `scale=`λ (Default: jeweils 1)	(12.186)

13 Statistische Tests

Statistisches Modell und Notationen: Für ein $\theta \in \Theta \subset \mathbb{R}^k$ sei angenommen:

Einstichprobenmodell	$X_1, \ldots, X_n$ sind u.i.v. ZUV mit $\mathcal{L}(X_j) = P_\theta$
Zweistichprobenmodell	X_{ij} sind st.u. ZV, $\mathcal{L}(X_{ij}) = P_{i,\theta}$, $i = 1, 2$, $j = 1, \ldots, n_i$

Statistik

Teststatistik: Beobachtet werde $V = v \in \mathbb{R}$ mit

Einstichprobenmodell	$V = V(X) = V(X_1, \ldots, X_n)$
Zweistichprobenmodell	$V = V(X) = V(X_{11}, \ldots, X_{1n_1}, X_{21}, \ldots, X_{2n2})$

Hypothesen:

Nullhypothese[1] H_0: Eine Aussage über den Parameterraum, meist umgesetzt in eine Teilmenge $\Theta_0 \subset \Theta$. Speziell für $\Theta \subseteq \mathbb{R}$ und geeignetes $\theta_0 \in \Theta$:

linksseitig $H_0 : \theta \leq \theta_0$ (13.1)

rechtsseitig $H_0 : \theta \geq \theta_0$ (13.2)

zweiseitig $H_0 : \theta = \theta_0$ (13.3)

Alternative[2] H_1: die zu $\Theta_1 = \Theta \setminus \Theta_0$ gehörige Aussage über den Parameterraum. Speziell für $\Theta \subseteq \mathbb{R}$ und geeignetes $\theta_0 \in H_0$:

rechtsseitig $H_1 : \theta > \theta_0$ (13.4)

linksseitig $H_1 : \theta < \theta_0$ (13.5)

zweiseitig $H_1 : \theta \neq \theta_0$ (13.6)

Nullverteilung F: Die Verteilung von V für ein geeignetes $\theta_0 \in \Theta_0$.

Schwellenwert(e): zu vorgegebenem $\alpha \in]0;1[$ festgelegt durch geeignete der Quantile $q_\alpha = F^{-1}(\alpha)$, $q_{1-\alpha}$, $q_{\alpha/2}$ bzw. $q_{1-\alpha/2}$.

statistischer Test: Eine Entscheidungsregel der Form

$$d(X) = \begin{cases} 1 \text{ (H_0 wird abgelehnt/verworfen)} & \text{wenn } V(X) \in K \\ 0 \text{ (H_0 wird nicht abgelehnt)} & \text{wenn } V(X) \notin K \end{cases}$$

Dabei ist $K \subseteq \mathbb{R}$ der **kritische** bzw. **Ablehnungs-Bereich**, d.h. die Menge derjenigen Werte von v, für die H_0 abgelehnt wird; K wird erklärt mit Hilfe der o.a. Schwellenwerte.

[1] oft einfach als Hypothese bezeichnet. [2] Zu einer linksseitigen (Null-)Hypothese gehört eine rechtsseitige Alternative. Zu einer rechsseitigen (Null-)Hypothese gehört eine linksseitige Alternative.

- **Test zum Niveau** $\alpha \in]0;1[$: Ein Test mit Ablehnungsbereich K und $P_\theta(V \in K) \leq \alpha$ für alle $\theta \in \Theta_0$
- **Gütefunktion** eines statistischen Tests: $\theta \mapsto g(\theta) = P_\theta(V \in K)$, $\theta \in \Theta$.
- R-Befehle erzeugen eine Liste u.a. mit folgenden Attributen:

`statistic`	Wert $V = v$ der Teststatistik	(13.7)
`p.value`	p-Wert der Teststatistik	(13.8)
`parameter(s)`	spezifische Parameter der Nullverteilung	(13.9)

13.1 Einstichprobentests

13.1.1 Tests für ein- und zweiseitige Hypothesen

Abhängig von H_0 haben die α-Niveau-Tests ($\alpha \in]0;1[$) folgende Struktur:

Hypothese H_0	Ablehnungsbereich	p-Wert, Signifikanz	R: `alternative=`
(1) zweiseitig	$V \notin [q_{\frac{\alpha}{2}}; q_{1-\frac{\alpha}{2}}]$	$2\min(F(V), 1-F(V))$	`"two.sided"`
(F symm.)	$\lvert V\rvert > q_{1-\alpha/2}$	$2(1-F(\lvert V\rvert)$	
(2) rechtsseitig	$V < q_\alpha$	$F(V)$	`"less"`
(3) linksseitig	$V > q_{1-\alpha}$	$1-F(V)$	`"greater"`

Die Formeln für p-Werte sind nur in stetigen Verteilungsmodellen gültig.

Binomialtest

Modell für $\mathcal{L}(X_i)$	$\mathcal{B}(1,p)$	(13.10)
Spez. Parameterwert	$p_0 \in]0;1[$	(13.11)
Nullhypothese H_0	(1) $p = p_0$ bzw. (2) $p \geq p_0$ bzwl (3) $p \leq p_0$	(13.12)
Teststatistik V	$X_1 + \cdots + X_n$	(13.13)
Nullverteilung F	$\mathcal{B}(n, p_0)$ für $p = p_0$	(13.14)
p-Wert	(1) $2\min(F(V), 1-F(V-1))$ (2) $F(V)$ (3) $1-F(V-1)$	(13.15)
Approximation	für $np_0(1-p_0) \geq 9$: Gaußtest mit $\sigma^2 = p_0(1-p_0)$	
R-Befehl	`binom.test`, Optionen $\texttt{x} = v$, $\texttt{n} = n$, $\texttt{p} = p_0$	(13.16)

Gaußtest

Modell für $\mathcal{L}(X_i)$	$\mathcal{N}(\mu, \sigma^2)$, σ bekannt	(13.17)

Spez. Parameterwert	$\mu_0 \in \mathbb{R}$	(13.18)
Nullhypothese H_0	(1) $\mu = \mu_0$ bzw. (2) $\mu \geq \mu_0$ bzw. (3) $\mu \leq \mu_0$	(13.19)
Teststatistik V	$\sqrt{n}(\bar{X} - \mu_0)/\sigma$	(13.20)
Nullverteilung F	$\mathcal{N}(0,1)$ für $\mu = \mu_0$ (Quantile u_α auf S. 94)	(13.21)
Anwendung	Exakt für $P_\theta = \mathcal{N}(\mu, \sigma^2)$, approximativ $(n > 30)$.	

Student-t-Test

Modell für $\mathcal{L}(X_i)$	$\mathcal{N}(\mu, \sigma^2)$, σ unbekannt	(13.22)
Spez. Parameterwert	$\mu_0 \in \mathbb{R}$	(13.23)
Nullhypothese H_0	(1) $\mu = \mu_0$ bzw. (2) $\mu \geq \mu_0$ bzw. (3) $\mu \leq \mu_0$	(13.24)
Teststatistik V	$\sqrt{n}(\bar{X} - \mu_0)/\hat{\sigma}$, mit $\hat{\sigma}^2 = \frac{1}{n-1}\sum_{i=1}^{n}(X_i - \bar{X})^2$	(13.25)
Nullverteilung F	$t(n-1)$ für $\mu = \mu_0$ (Quantile $t_\alpha(n)$ auf S. 94)	(13.26)
Approximation $(n > 30)$	Gaußtest, $V = \sqrt{n}(\bar{X} - \mu_0)/\hat{\sigma}$, auch ohne (13.22)	
R-Befehl	`t.test(x,y=NULL)`	(13.27)

χ^2-Varianztest

Modell für $\mathcal{L}(X_i)$	$\mathcal{N}(\mu, \sigma^2)$, μ bekannt	(13.28)
Spez. Parameterwert	$\sigma_0 > 0$	(13.29)
NullhypotheseH_0	(1) $\sigma = \sigma_0$ bzw. (2) $\sigma \geq \sigma_0$ bzw. (3) $\sigma \leq \sigma_0$	(13.30)
Teststatistik V	$\sum_{i=1}^{n}(X_i - \mu)^2/\sigma_0^2$	(13.31)
Nullverteilung F	$\chi^2(n)$ für $\sigma = \sigma_0$ (Quantile $\chi_\alpha(n)$ auf S. 96)	(13.32)
μ unbekannt	$V = \sum_{i=1}^{n}(X_i - \bar{X})^2/\sigma_0^2$, Nullverteilung $\chi^2(n-1)$	

13.1.2 Tests mit einseitigem Ablehnungsbereich

Tests haben zur gegebenen Nullhypothese H_0, Nullverteilung F und Signifikanzniveau α den Ablehnungsbereich $v > q_{1-\alpha}$ und den p-Wert $1 - F(v)$ (stetiger Fall).

χ^2-Anpassungstest

Statistik

Modell für $\mathcal{L}(X_i)$	$X_i \in \{A_1, \dots, A_k\}$	(13.33)
Nullhypothese H_0	$P(X_i = A_j) = p_j,\ j = 1, \dots, k$ ($p_j > 0$ vorgegeben)	(13.34)
Teststatistik V	$\sum_{j=1}^{k}(H(A_j) - np_j)^2/(np_j)$, vgl. (10.1)	(13.35)
Nullverteilung F	ca. $\chi^2(k-1)$ wenn $np_j \geq 5 \forall j$ (Quantile $\chi_\alpha(n)$ auf S. 96)	(13.36)
R-Befehl	`chisq.test(x,y=NULL)`, Optionen x= $(p_1, \dots, p_k)$	(13.37)

Kolmogoroff-Smirnoff-Test

Modell für $\mathcal{L}(X_i)$	Die VF $x \mapsto F(x) = P(X_i \leq x)$ ist stetig.	(13.38)
Nullhypothese H_0	$F = F_0$ für eine spezifische VF F_0	(13.39)
Teststatistik V	$V = \sqrt{n} \cdot \sup_{x \in \mathbb{R}} \lvert\hat{F}_n(x) - F_0(x)\rvert$	(13.40)
	$= \max\limits_{i \in \{0,1\}, j \in \{1,\dots,n\}} \lvert F_0(x_j) - \frac{j-i}{n}\rvert$ mit $x_1 \leq \dots \leq x_n$	(13.41)
Nullverteilung F	Kolmogorov-Verteilung mit approximativer VF $G(x) = 1 + 2\sum_{j=1}^{\infty}(-1)^j e^{-2j^2x^2}$ (Quantile $d_\alpha(n)$ auf S. 116). Ablehnungsbereich $V > d_{n,1-\alpha}$, appr. p-Wert $1 - G(v)$.	(13.42)
R-Befehl	`ks.test(x,y)`, Optionen x= $(x_1, \dots, x_n)$, y=Bezeichnung einer (stetigen) VF, z.B. `y="pnorm"`	(13.43)

13.2 Zweistichprobentests

13.2.1 Tests für ein- und zweiseitige Hypothesen

Abhängig von H_0 haben die α-Niveau-Tests ($\alpha \in]0;1[$) wieder die eingangs von 13.1.1 angegebene Struktur.

Gaußtest

Modell für $\mathcal{L}(X_{ij})$	$\mathcal{N}(\mu_i, \sigma_i^2)$, (a) σ_i^2 bekannt (b) σ_i^2 unbekannt	(13.44)
Spez. Parameterwert	$\delta_0 \in \mathbb{R}$	(13.45)
Nullhypothese H_0	(1) $\mu_1 - \mu_2 = \delta_0$, (2) $\dots \geq \delta_0$, (3) $\dots \leq \delta_0$	(13.46)
(a) Teststatistik V	$(\bar{X}_1 - \bar{X}_2 - \delta_0)/\sqrt{\sigma_1^2/n_1 + \sigma_2^2/n_2}$	(13.47)
(b) Teststatistik V	$(\bar{X}_1 - \bar{X}_2 - \delta_0)/\sqrt{S_1^2/n_1 + S_2^2/n_2}$	(13.48)
	mit $S_i^2 = \dfrac{1}{n_i - 1}\sum_{j=1}^{n_i}(X_{ij} - \bar{X}_i)^2$	(13.49)

Nullverteilung F	$\mathcal{N}(0,1)$ für $\mu_1 - \mu_2 = \delta_0$ (Quantile u_α auf S. 94) (b): Approximation, hinreichend für $n_1, n_2 \geq 30$	(13.50)

Student-t-Test (gleiche Varianzen)

Modell für $\mathcal{L}(X_{ij})$	$\mathcal{N}(\mu_i, \sigma^2)$, σ unbekannt	(13.51)
Spez. Parameterwert	$\delta_0 \in \mathbb{R}$	(13.52)
Nullhypothese H_0	(1) $\mu_1 - \mu_2 = \delta_0$, (2) $\cdots \geq \delta_0$, (3) $\cdots \leq \delta_0$	(13.53)
Teststatistik V	$\dfrac{\bar{X}_1 - \bar{X}_2 - \delta_0}{\sqrt{\frac{n_1+n_2}{n_1 n_2}((n_1-1)S_1^2 + (n_2-1)S_2^2)/(n_1+n_2-2)}}$ mit $S_i^2 = \frac{1}{n_i-1}\sum_{j=1}^{n_i}(X_{ij} - \bar{X}_i)^2$	(13.54)
Nullverteilung F	$t(n_1+n_2-2)$ (Quantile $t_\alpha(n)$ auf S. 94)	(13.55)
R-Befehl	`t.test(x,y,mu,var.equal=TRUE)`, `x=` $(x_{11}, \ldots, x_{1n_1})$, `y=` $(x_{21}, \ldots, x_{2n_2})$, `mu=` δ_0	(13.56)

Welch-t-Test

Modell für $\mathcal{L}(X_{ij})$	$\mathcal{N}(\mu_i, \sigma_i^2)$, σ_i unbekannt	(13.57)
Spez. Parameterwert	$\delta_0 \in \mathbb{R}$	(13.58)
Nullhypothese H_0	(1) $\mu_1 - \mu_2 = \delta_0$, (2) $\cdots \geq \delta_0$,(3) $\cdots \leq \delta_0$	(13.59)
Teststatistik V	$(\bar{X}_1 - \bar{X}_2 - \delta_0)/\sqrt{\frac{S_1^2}{n_1} + \frac{S_2^2}{n_2}}$	(13.60)
Nullverteilung F	approximativ $t(k)$ (Quantile $t_\alpha(k)$ auf S. 94), wobei $k = \left\lfloor \dfrac{(S_1^2/n_1 + S_2^2/n_2)^2}{\frac{1}{n_1-1}(S_1^2/n_1)^2 + \frac{1}{n_2-1}(S_2^2/n_2)^2} \right\rfloor$	(13.61)
R-Befehl	`t.test(x,y,mu,var.equal=FALSE)`, `x=` $(x_{11}, \ldots, x_{1n_1})$, `y=` $(x_{21}, \ldots, x_{2n_2})$, `mu=` δ_0	(13.62)

Wilcoxon-Rangsummentest

Modell für $\mathcal{L}(X_{ij})$	Stetige VF, $F_{X_2}(x) = F_{X_1}(x-a)$, a unbekannt	(13.63)
Nullhypothese H_0	(1) $med(X_{1j}) - med(X_{2j}) = 0$, (2) $\cdots \geq 0$, (3) $\cdots \leq 0$	(13.64)
Teststatistik V	$\sum_{i=1}^{n_1} R_i(X_{11}, \ldots, X_{1n_1}, X_{21}, \ldots, X_{2n_2})$ (vgl. (10.27))	(13.65)
Nullverteilung F	exakt: Wilcoxonverteilung, Quantile $w_\alpha(n_1, n_2)$ auf S.114 approx. $(n_i > 25)$: $\mathcal{N}(\frac{n_1(n_1+n_2+1)}{2}, \frac{n_1 n_2(n_1+n_2+1)}{12})$	(13.66)
p-Wert exakt	(1) $2\min(F(V), 1-F(V-1))$ (2) $F(V)$ (3) $1-F(V-1)$	(13.67)

Statistik

R-Befehl	`wilcox.test(x,y)`, x= $(x_{11},\ldots,x_{1n_1})$, y= $(x_{21},\ldots,x_{2n_2})$	(13.68)

13.2.2 Tests mit einseitigem Ablehnungsbereich

Tests haben zur gegebenen Nullhypothese H_0, Nullverteilung F und Signifikanzniveau α den Ablehnungsbereich $v > q_{1-\alpha}$ und den p-Wert $1 - F(v)$ (stetiger Fall).

χ^2-Unabhängigkeitstest

Modell für $\mathcal{L}(X_{ij})$	Zweifachstichprobe mit u.i.v. ZV $(X_{1j}, X_{2j}) \in \{A_1,\ldots,A_K\} \times \{B_1,\ldots,B_L\}$	(13.69)
Nullhypothese H_0	X_{1j} und X_{2j} sind st.u..	(13.70)
Teststatistik V	$\sum_{k=1}^{K}\sum_{\ell=1}^{L} \frac{(H_{k\ell}-E_{k\ell})^2}{E_{k\ell}}$ (vgl. (10.32))	(13.71)
Nullverteilung F	approx. $\chi^2((K-1)(L-1))$ für $\min_{k,\ell} E_{k\ell} \geq 5$. Ablehnung für $V > q_{1-\alpha}$. p-value ist $1 - F(v)$.	(13.72)
R-Befehl	`chisq.test(x,y=NULL)` mit einer Matrix `x`, welche die Kontingenztafel $(H_{k\ell})$ enthält.	(13.73)

13.3 Regressionsanalyse

13.3.1 Statistisches Modell der Regression

Gegeben eine u.i.v.-Stichprobe $(X_{j1},\ldots,X_{jk},Y_j)$, $j = 1,\ldots,n$, mit folgenden Eigenschaften:

- $Y_j = f(X_{j1},\ldots,X_{jk}) + \epsilon_j$, und einer (unbekannten) Funktion $f \in \mathcal{F}$. (13.74)
- $E(\epsilon_j) = 0$, $var(\epsilon_j) = \sigma^2$ (unbekannt). (13.75)
- $\epsilon_j, (X_{j1},\ldots,X_{jk})$ sind st.u., $j = 1,\ldots,n$ (13.76)

Ohne weitere Annahmen an f: Für $j = 1,\ldots,n$

$$\mu_j = \mu_j(x_1,\ldots,x_k) = E(Y_j|X_{j1} = x_1,\ldots,X_{jk} = x_k) = f(x_1,\ldots,x_k) \tag{13.77}$$

Setze $\mu = (\mu_1,\ldots,\mu_n)^T$

Normalverteilungsannahme $\mathcal{L}(\epsilon_i) = \mathcal{N}(0,\sigma^2)$. (13.78)

Multiple lineare Regression: $f \in \mathcal{F}$ hat die Form

$$f(x_1,\ldots,x_k) = \beta_0 + \beta_1 x_1 + \cdots + \beta_k x_k \tag{13.79}$$

mit unbekannten $\beta = (\beta_0,\ldots,\beta_k)^T \in \mathbb{R}^{k+1}$.

Datensatz:

	$\mathbf{x}_{\bullet 1}$	$\mathbf{x}_{\bullet 2}$	$\ldots$	$\mathbf{x}_{\bullet k}$	$\mathbf{y}$
$\mathbf{x}_{1\bullet}$	x_{11}	x_{12}	$\ldots$	x_{1k}	y_1
$\mathbf{x}_{2\bullet}$	x_{21}	x_{22}	$\ldots$	x_{2k}	y_2
$\vdots$	$\vdots$	$\vdots$		$\vdots$	$\vdots$
$\mathbf{x}_{n\bullet}$	x_{n1}	x_{n2}	$\ldots$	x_{nk}	y_n

Spalten-Kennzahlen:

- Mittelwerte: $\bar{\mathbf{x}}_{\bullet i}$, $\bar{\mathbf{y}}$
- Varianzen[3]: $\sigma_i^2 = \sigma_n^2(\mathbf{x}_{\bullet i})$ $\sigma_{\mathbf{y}}^2 = \sigma_n^2(\mathbf{y})$
- Korrelationen: $\rho_{rs} = \rho_P(\mathbf{x}_{\bullet r}, \mathbf{x}_{\bullet s})$,
  $\rho_{ry} = \rho_P(\mathbf{x}_{\bullet r}, \mathbf{y})$

Modellmatrix $$\mathbf{X} = \begin{pmatrix} 1 & x_{11} & \cdots & x_{1k} \\ \vdots & \vdots & & \vdots \\ 1 & x_{n1} & \cdots & x_{nk} \end{pmatrix}, \quad q = Rg(\mathbf{X}), \quad \mu = \mathbf{X}\beta \tag{13.80}$$

Spezialfall polynomiale Regression: $f \in \mathcal{F}$ ist Polynom vorgegebenen Grades $k \in \mathbb{N}$

$$f(x) = \beta_0 + \beta_1 x + \cdots + \beta_k x^k \tag{13.81}$$

mit unbekannten $\beta_0, \beta_1, \ldots, \beta_k \in \mathbb{R}$.

- $k = 1$: einfache lineare Regression: $f(x) = \beta_0 + \beta_1 x$ (13.82)
- $k = 2$: quadratische Regression $f(x) = \beta_0 + \beta_1 x + \beta_2 x^2$ (13.83)

Die Modellmatrix $\mathbf{X}$ hat die Einträge $x_{ji} = x_{j1}^i$ (13.84)

13.3.2 Parameterschätzung und Prognose

Kleinste-Quadrate-Schätzung für β, σ^2

$$\hat{\beta} = \hat{\beta}_{KQ} = \text{argmin}_{\beta \in \mathbb{R}^{k+1}} \|\mathbf{y} - \mathbf{X}\beta\|^2 \tag{13.85}$$

$$\hat{\mathbf{y}} = (\hat{y}_1, \hat{y}_2, \ldots, \hat{y}_n)^T = \mathbf{X}\hat{\beta} \tag{13.86}$$

$$\hat{\sigma}^2 = \frac{1}{n-q}\|\mathbf{y} - \hat{\mathbf{y}}\|^2 = \frac{1}{n-1}(\|\mathbf{y}\|^2 - \hat{\beta}^T \mathbf{X}^T \mathbf{y}) \tag{13.87}$$

Unter der Voraussetzung, dass $\mathbf{C} = (c_{ij})_{i,j=0,\ldots,k} = (\mathbf{X}^T\mathbf{X})^{-1}$ existiert, gilt[4,5]

$$\hat{\beta}_{KQ} = \mathbf{C}\mathbf{X}^T\mathbf{y} = (\mathbf{X}^T\mathbf{X})^{-1}\mathbf{X}^T\mathbf{y} \tag{13.88}$$

$$cov(\hat{\beta}_{KQ}) = \sigma^2\mathbf{C} \tag{13.89}$$

$$\sigma(\hat{\beta}_i) = \sqrt{c_{ii}} \cdot \hat{\sigma} \qquad \textbf{(Standardfehler)} \tag{13.90}$$

$(1-\alpha)$-Konfidenzintervall $$|\beta_i - \hat{\beta}_i| \le t_{1-\alpha/2}(n-q)\hat{\sigma}_i \tag{13.91}$$

---

[3] zu σ_n^2 vgl. (10.17)

[4] unter NV-Annahme (13.78) werden die Konfidenz- und Prognoseintervalle gebildet und sind die KQ-Schätzer auch ML-Schätzer. [5] dabei sind $\widetilde{\mathbf{x}}_{j\bullet} = (1, x_{j1}, \ldots, x_{jk})$, $\widetilde{\mathbf{x}} = (1, x_1, \ldots, x_k)$.

KQ-Schätzung von μ_j:

$$\hat{\mu}_j = \hat{y}_j = \bar{\mathbf{y}} + \sum_{i=1}^{k} \hat{\beta}_i (x_{ji} - \bar{\mathbf{x}}_{\bullet i}) \tag{13.92}$$

$$(1-\alpha)\text{-Konfidenzintervall} \quad |\mu_j - \hat{\mu}_j| \leq t_{1-\alpha/2}(n-q) \cdot \hat{\sigma} \cdot \sqrt{\widetilde{\mathbf{x}}_{j\bullet} \mathbf{C} \widetilde{\mathbf{x}}_{j\bullet}^T} \tag{13.93}$$

KQ-Prognose von y bei gegebenen $\mathbf{x} = (x_1, \ldots, x_k)$

$$\hat{\mathbf{y}}(\mathbf{x}) = \widetilde{\mathbf{x}}^T \hat{\beta} \tag{13.94}$$

$$(1-\alpha)\text{-Prognoseintervall} \quad |y - \hat{\mathbf{y}}(\mathbf{x})| \leq t_{1-\alpha/2}(n-q) \cdot \hat{\sigma} \cdot \sqrt{1 + \widetilde{\mathbf{x}} \mathbf{C} \widetilde{\mathbf{x}}^T} \tag{13.95}$$

Spezialfälle der multiplen linearen Regression

- ein Regressor ($k = 1$): $f(x) = \beta_0 + \beta_1 x_1$

$$\hat{\beta}_1 = \frac{\sigma_{\mathbf{y}}}{\sigma_1} \cdot \rho_{1\mathbf{y}} = \sum_{i=1}^{n} (x_{i1} - \bar{\mathbf{x}}_{\bullet 1})(y_i - \bar{\mathbf{y}}) / \sum_{i=1}^{n} (x_{i1} - \bar{\mathbf{x}}_{\bullet 1})^2 \tag{13.96}$$

$$\hat{\beta}_0 = \bar{\mathbf{y}} - \hat{\beta}_1 \bar{\mathbf{x}}_{\bullet 1} \tag{13.97}$$

$$\hat{\sigma}^2 = \frac{n}{n-2} \sigma_{\mathbf{y}}^2 (1 - \rho_{1\mathbf{y}}^2) \tag{13.98}$$

Standardfehler der Parameterschätzer:

$$\hat{\sigma}_1 = \frac{\sigma_{\mathbf{y}}}{\sigma_1} \cdot \sqrt{\frac{1}{n-2}(1 - \rho_{1\mathbf{y}}^2)} \tag{13.99}$$

$$\hat{\sigma}_0 = \frac{\sigma_{\mathbf{y}}}{\sigma_1} \cdot \sqrt{\frac{1}{n-2}(1 - \rho_{1\mathbf{y}}^2)(\sigma_1^2 + \bar{\mathbf{x}}_{\bullet 1}^2)} \tag{13.100}$$

$(1-\alpha)$-Konfidenz- und Prognoseintervalle:

$$|\mu_j - \hat{\mu}_j(\mathbf{x})| \leq t_{1-\alpha/2}(n-q) \cdot \hat{\sigma} \cdot \sqrt{\frac{1}{n} + \frac{(x_j - \bar{x})^2}{n\sigma_1^2}} \tag{13.101}$$

$$|y - \hat{\mathbf{y}}(\mathbf{x})| \leq t_{1-\alpha/2}(n-q) \cdot \hat{\sigma} \cdot \sqrt{1 + \frac{1}{n} + \frac{(x - \bar{x})^2}{n\sigma_1^2}} \tag{13.102}$$

- zwei Regressoren ($k = 2$): $f(x) = \beta_0 + \beta_1 x_1 + \beta_2 x_2$

$$\hat{\beta}_2 = \frac{\sigma_{\mathbf{y}}}{\sigma_2} \cdot \frac{\rho_{2\mathbf{y}} - \rho_{12}\rho_{1\mathbf{y}}}{1 - \rho_{12}^2} \tag{13.103}$$

$$\hat{\beta}_1 = \frac{\sigma_{\mathbf{y}}}{\sigma_1} \cdot \frac{\rho_{1\mathbf{y}} - \rho_{12}\rho_{2\mathbf{y}}}{1 - \rho_{12}^2} \tag{13.104}$$

$$\hat{\beta}_0 = \bar{\mathbf{y}} - \hat{\beta}_1 \bar{\mathbf{x}}_{\bullet 1} - \hat{\beta}_2 \bar{\mathbf{x}}_{\bullet 2} \tag{13.105}$$

$$\hat{\sigma}^2 = \frac{n}{n-3} \sigma_{\mathbf{y}}^2 \left(1 - \frac{\rho_{1\mathbf{y}}^2 - 2\rho_{1\mathbf{y}}\rho_{2\mathbf{y}}\rho_{12} + \rho_{2\mathbf{y}}^2}{1 - \rho_{12}^2}\right) \tag{13.106}$$

Standardfehler der Parameterschätzer:

$$\hat{\sigma}_2 = \frac{\hat{\sigma}}{\sigma_1} \cdot \sqrt{\frac{1}{n(1-\rho_{12}^2)}} \tag{13.107}$$

$$\hat{\sigma}_1 = \frac{\hat{\sigma}}{\sigma_2} \sqrt{\frac{1}{n(1-\rho_{12}^2)}} \tag{13.108}$$

$$\hat{\sigma}_0 = \hat{\sigma} \cdot \sqrt{\frac{(\sigma_1^2+\bar{\mathbf{x}}_{\bullet 1}^2)(\sigma_2^2+\bar{\mathbf{x}}_{\bullet 2}^2)-(\sigma_1\sigma_2\rho_{12}+\bar{\mathbf{x}}_{\bullet 1}\bar{\mathbf{x}}_{\bullet 2})^2}{n\sigma_1^2\sigma_2^2(1-\rho_{12}^2)}} \tag{13.109}$$

13.3.3 Streuungszerlegung und Varianzschätzung

Residuen $: Res(\mathbf{y}) = \hat{\mathbf{y}} - \mathbf{y} = n\sigma_y^2$ (13.110)

Streuungszerlegung $SS_T = SS_R + SS_{Res}$ (13.111)

$$SS_T = \|\mathbf{y} - \bar{\mathbf{y}}\mathbf{1}\|^2 = \sum_{i=1}^{n}(y_i - \bar{\mathbf{y}})^2 = n\sigma_{\mathbf{y}}^2 \tag{13.112}$$

$$SS_{Res} = \|Res(\mathbf{y})\|^2 = \|\hat{\mathbf{y}} - \mathbf{y}\|^2 = (n-q)\hat{\sigma}^2 \tag{13.113}$$

$$SS_R = \|\hat{\mathbf{y}} - \bar{\mathbf{y}}\mathbf{1}\|^2 \tag{13.114}$$

Bestimmtheitsmaß

$$R^2 = SS_R/SS_T = 1 - SS_{Res}/SS_T \tag{13.115}$$

$$R_a^2 = 1 - \frac{SS_{Res}/n-q}{SS_T/n-1} = 1-(1-R^2)\frac{n-1}{n-q} = R^2 - (1-R^2)\frac{q-1}{n-q} \tag{13.116}$$

Spezialfälle der multiplen linearen Regression:

- Ein Regressor ($k = 1$)

$$SS_{Res} = n\sigma_{\mathbf{y}}^2(1-\rho_{1y}^2) \tag{13.117}$$

$$SS_R = n\sigma_{\mathbf{y}}^2\rho_{1\mathbf{y}}^2 = n\sigma_1^2\hat{\beta}_1^2 \tag{13.118}$$

$$R^2 = \rho_{1\mathbf{y}}^2 \tag{13.119}$$

- Zwei Regressoren ($k = 2$)

$$SS_{Res} = n\sigma_{\mathbf{y}}^2\left(1 - \frac{\rho_{1\mathbf{y}}^2-2\rho_{1\mathbf{y}}\rho_{2\mathbf{y}}\rho_{12}+\rho_{2\mathbf{y}}^2}{1-\rho_{12}^2}\right) \tag{13.120}$$

$$SS_R = n\sigma_{\mathbf{y}}^2\frac{\rho_{1\mathbf{y}}^2-2\rho_{1\mathbf{y}}\rho_{2\mathbf{y}}\rho_{12}+\rho_{2\mathbf{y}}^2}{1-\rho_{12}^2} = n(\sigma_1^2\hat{\beta}_1^2 + \sigma_2^2\hat{\beta}_2^2 + 2\sigma_1\sigma_2\hat{\beta}_1\hat{\beta}_2\rho_{12}) \tag{13.121}$$

$$R^2 = \frac{\rho_{1\mathbf{y}}^2-2\rho_{1\mathbf{y}}\rho_{2\mathbf{y}}\rho_{12}+\rho_{2\mathbf{y}}^2}{1-\rho_{12}^2} \tag{13.122}$$

13.3.4 Hypothesentests im linearen Regressionsmodell

Alle Tests werden unter Normalverteilungsannahme (13.78) angewendet.

Statistik

(Mehr-)Parameter-Hypothese Mit vorgegebenen $1 \le i_1 < \cdots < i_m \le k$

$$H_0 : \beta_{i_1} = \cdots = \beta_{i_m} = 0 \tag{13.123}$$

Unter H_0 ist

$$\mathbf{Y} = \mathbf{X}_H \beta_H + \epsilon \tag{13.124}$$

$\mathbf{X}_H$ (β_H) entsteht aus $\mathbf{X}$ (β) durch Streichen der Spalten (Einträge) $i_1 + 1, \ldots, i_m + 1$.

KQ-Schätzer bei Gültigkeit von $\mathbb{H}$ mit $\mathbf{C}_H = (\mathbf{X}_H^T \mathbf{X}_H)^{-1}$ und $p = Rg(\mathbf{X}_H) < q$

$$\hat{\beta}_H = \mathbf{C}_H \mathbf{X}_H^T \mathbf{Y} \tag{13.125}$$

$$\hat{\mathbf{y}}_H = \mathbf{X}_H \hat{\beta}_H \tag{13.126}$$

F-**Test** der Hypothese H_0: $\beta_{i_1} = \cdots = \beta_{i_m} = 0$

Teststatistik $$V = \frac{1}{q-p} \cdot \|\hat{\mathbf{y}} - \hat{\mathbf{y}}_H\|^2 / \hat{\sigma}^2 = \frac{\|\hat{\mathbf{y}} - \hat{\mathbf{y}}_H\|^2/(q-p)}{\|\hat{\mathbf{y}} - \mathbf{y}\|^2/(n-q)} \tag{13.127}$$

Nullverteilung $$F = F(q-p, n-q) \tag{13.128}$$

Ablehnungsbereich $$v > F_{1-\alpha}(q-p, n-q) \tag{13.129}$$

p-Wert $$1 - F(v) \tag{13.130}$$

F-**Test** des Gesamtmodells, Hypothese $H_0 : \beta_1 = \cdots = \beta_k = 0$

Teststatistik $$V = \frac{SS_R/k}{SS_{Res}/(n-q)} = \frac{n-q}{k} \frac{R^2}{1-R^2} \tag{13.131}$$

Nullverteilung $$F = F(k, n-q) \tag{13.132}$$

Ablehnungsbereich $$v > F_{1-\alpha}(k, n-q) \tag{13.133}$$

p-Wert $$1 - F(v) \tag{13.134}$$

t-**Test** der Hypothese $H_0 : \beta_j = 0$:

Teststatistik $$V = \hat{\beta}_j / \sqrt{c_{jj} \hat{\sigma}^2} \tag{13.135}$$

Nullverteilung $$F = t(n-q) \tag{13.136}$$

Ablehnungsbereich $$|v| > t_{1-\alpha/2}(n-q) \tag{13.137}$$

p-Wert $$2(1 - F(|v|)) \tag{13.138}$$

13.4 Varianzanalyse mit einem Faktor

Gegeben eine u.i.v.-Stichprobe $(U_1, Y_1), \ldots, (U_n, Y_n)$ mit folgenden Eigenschaften:

- $U_j = u_j \in \{1,\dots,p\}$, dabei ist $p \in \mathbb{N}$ (Faktor mit p Stufen) sowie **Dummy-Variablen**

$$X_{ji} = \begin{cases} 1 & U_j = i \\ 0 & U_j \neq i \end{cases} \tag{13.139}$$

- $Y_j = y_j = \beta_0 + \sum_{i=1}^{p-1} \beta_i X_{ji} + \epsilon_j$ mit $\beta_0,\dots,\beta_{p-1} \in \mathbb{R}$ (unbekannt) (13.140)
- $E(\epsilon_j) = 0$, $var(\epsilon_j) = \sigma^2$ (unbekannt). (13.141)
- ϵ_j, U_j sind st.u., $j = 1,\dots,n$ (13.142)

Regressionsfunktion[6] für $j = 1,\dots,n$ und $x_j \in \{0,1\}, \sum x_j \leq 1$

$$E(Y_j|X_{j1} = x_1,\dots,X_{jp-1} = x_{p-1}) = \beta_0 + \beta_1 x_1 + \cdots + \beta_{p-1}x_{p-1} \tag{13.143}$$

Setze $\bar{\mathbf{y}}_{\bullet\bullet} = \frac{1}{n}\sum\limits_{j=1}^{n} y_j$ und für $i \in \{1,\dots,p\}$:

- $n_i = \#\{j : u_j = i\}$ (13.144)
- $\bar{\mathbf{y}}_{i\bullet} = \frac{1}{n_i}\sum\limits_{j:u_j=i} y_j$ (13.145)

KQ-Schätzer[7]

$$\hat{\beta}_0 = \bar{\mathbf{y}}_{p\bullet}, \quad \hat{\beta}_i = \bar{\mathbf{y}}_{i\bullet} - \bar{\mathbf{y}}_{p\bullet}, \quad \text{für } i = 1,\dots,p-1 \tag{13.146}$$

$$\hat{\sigma}^2 = \frac{1}{n-p} SS_{Res} = \frac{1}{n-p}\sum_{ij}(y_j - \bar{\mathbf{y}}_{i\bullet})^2 \tag{13.147}$$

F-**Test** der Hypothese H_0: $\beta_1 = \cdots = \beta_{p-1} = 0$ unter NV-Annahme (13.78)

Teststatistik	$V = \frac{1}{p-1}\sum_{i=1}^{p} n_i(\bar{\mathbf{y}}_{i\bullet} - \bar{\mathbf{y}}_{\bullet\bullet})^2/\hat{\sigma}^2$	(13.148)
Nullverteilung	$F = F(p-1, n-p)$	(13.149)
Ablehnungsbereich	$v > F_{1-\alpha}(p-1, n-p)$	(13.150)
p-Wert	$1 - F(v)$	(13.151)

13.5 Kovarianzanalyse

Gegeben eine u.i.v.-Stichprobe $(U_1, V_1, Y_1),\dots,(U_n, V_n, Y_n)$ mit folgenden Eigenschaften:

- $U_j = u_j \in \{1,\dots,p\}$, dabei ist $p \in \mathbb{N}$ (Faktor mit p Stufen) sowie **Dummy-Variablen**

$$X_{ji} = \begin{cases} 1 & U_j = i \\ 0 & U_j \neq i \end{cases} \tag{13.152}$$

- $V_j = v_j \in \mathbb{R}$
- $Y_j = y_j = \beta_0 + \sum_{i=1}^{p-1} \beta_i X_{ji} + \gamma V_j + \epsilon_j$ mit $\beta_0,\dots,\beta_{p-1},\gamma \in \mathbb{R}$ (unbekannt) (13.153)

[6] d.h. Faktorstufe p entspricht dem mittleren Effekt β_0, die Parameter $\beta_1,\dots,\beta_{p-1}$ beschreiben Abweichungen der übrigen Faktorstufen vom mittleren Effekt. In R sind die Faktorstufen (lexikografisch) sortiert und die kleinste Stufe entspricht dem mittleren Effekt. [7] Hier und im folgenden ist mit $\Sigma_{ij}\dots$ die Doppelsumme $\Sigma_{i=1}^{p}\Sigma_{j:u_j=i}\dots$ gemeint.

Statistik

- $E(\epsilon_j) = 0$, $var(\epsilon_j) = \sigma^2$ (unbekannt). (13.154)
- ϵ_j, U_j sind st.u., $j = 1, \dots, n$ (13.155)

Regressionsfunktion[6] für $j = 1, \dots, n$ und $x_j \in \{0,1\}, \sum x_j \leq 1$, $v \in \mathbb{R}$

$$E(Y_j|X_{j1} = x_1, \dots, X_{jp-1} = x_{p-1}, V_j = v) = \beta_0 + \beta_1 x_1 + \dots + \beta_{p-1} x_{p-1} + \gamma v \quad (13.156)$$

Setze $\bar{\mathbf{y}}_{\bullet\bullet} = \frac{1}{n}\sum_{j=1}^n y_j$, $\bar{\mathbf{v}}_{\bullet\bullet} = \frac{1}{n}\sum_{j=1}^n v_j$ und für $i \in \{1, \dots, p\}$:

- $n_i = \#\{j : u_j = i\}$ (13.157)
- $\bar{\mathbf{y}}_{i\bullet} = \frac{1}{n_i}\sum_{j:u_j=i} y_j$, $\bar{\mathbf{v}}_{i\bullet} = \frac{1}{n_i}\sum_{j:u_j=i} v_j$ (13.158)

KQ-Schätzer[7]

$$\hat{\beta}_0 = \bar{\mathbf{y}}_{p\bullet} - \hat{\gamma}\bar{\mathbf{v}}_{p\bullet} \quad (13.159)$$

$$\hat{\beta}_i = \bar{\mathbf{y}}_{i\bullet} - \bar{\mathbf{y}}_{p\bullet} - \hat{\gamma}\big(\bar{\mathbf{v}}_{i\bullet} - \bar{\mathbf{v}}_{p\bullet}\big) \quad \text{für } i = 1, \dots, p-1 \quad (13.160)$$

$$\hat{\gamma} = \sum_{ij}(v_j - \bar{\mathbf{v}}_{i\bullet})(y_j - \bar{\mathbf{y}}_{i\bullet}) \Big/ \sum_{ij}(v_j - \bar{\mathbf{v}}_{i\bullet})^2 \quad (13.161)$$

$$\hat{\sigma}^2 = SS_{Res}/(n-p-1) \quad (13.162)$$

$$SS_{Res} = \sum_{ij}(y_j - \bar{\mathbf{y}}_{i\bullet})^2 - \frac{\Big(\sum_{ij}(v_j - \bar{\mathbf{v}}_{i\bullet})(y_j - \bar{\mathbf{y}}_{i\bullet})\Big)^2}{\sum_{ij}(v_j - \bar{\mathbf{v}}_{i\bullet})^2} \quad (13.163)$$

F-**Test** der Hypothese H_0: $\gamma = 0$ unter NV-Annahme (13.78)

Teststatistik	$V = \Big(\sum_{ij}(v_j - \bar{\mathbf{v}}_{i\bullet})(y_j - \bar{\mathbf{y}}_{i\bullet})\Big)^2 \Big/ \hat{\sigma}^2 \sum_{ij}(v_j - \bar{\mathbf{v}}_{i\bullet})^2$	(13.164)
Nullverteilung	$F = F(1, n-p-1)$	(13.165)
Ablehnungsbereich	$v > F_{1-\alpha}(1, n-p-1)$	(13.166)

F-**Test** der Hypothese H_0: $\beta_1 = \dots = \beta_{p-1} = 0$ unter NV-Annahme (13.78)

Teststatistik	$V = \dfrac{\sum_{ij}(\mathbf{y}_{i\bullet} - \mathbf{y}_{\bullet\bullet} + \hat{\gamma}(v_j - \mathbf{v}_{i\bullet}) - \hat{\hat{\gamma}}(v_j - \mathbf{v}_{\bullet\bullet}))^2}{(p-1)\hat{\sigma}^2}$	(13.167)
	mit $\hat{\hat{\gamma}} = \sum_{j=1}^n (v_j - \bar{\mathbf{v}}_{\bullet\bullet})(y_j - \bar{\mathbf{y}}_{\bullet\bullet}) \Big/ \sum_{j=1}^n (v_j - \bar{\mathbf{v}}_{\bullet\bullet})^2$	(13.168)
Nullverteilung	$F = F(p-1, n-p)$	(13.169)
Ablehnungsbereich	$v > F_{1-\alpha}(p-1, n-p)$	(13.170)

p-Wert ist jeweils $1 - F(v)$.

14 Verteilungstabellen

Alle Werte wurden mit R berechnet (Skripten online verfügbar) und gerundet.

14.1 Verteilungsfunktion der Standardnormalverteilung

	000	005	010	015	020	025	030	035	040	045	050	055	060	065	070	075	080	085	090	095
0.0	500	502	504	506	508	510	512	514	516	518	520	522	524	526	528	530	532	534	536	538
0.1	540	542	544	546	548	550	552	554	556	558	560	562	564	566	567	569	571	573	575	577
0.2	579	581	583	585	587	589	591	593	595	597	599	601	603	604	606	608	610	612	614	616
0.3	618	620	622	624	626	627	629	631	633	635	637	639	641	642	644	646	648	650	652	654
0.4	655	657	659	661	663	665	666	668	670	672	674	675	677	679	681	683	684	686	688	690
0.5	691	693	695	697	698	700	702	704	705	707	709	711	712	714	716	717	719	721	722	724
0.6	726	727	729	731	732	734	736	737	739	741	742	744	745	747	749	750	752	753	755	756
0.7	758	760	761	763	764	766	767	769	770	772	773	775	776	778	779	781	782	784	785	787
0.8	788	790	791	792	794	795	797	798	800	801	802	804	805	806	808	809	811	812	813	815
0.9	816	817	819	820	821	823	824	825	826	828	829	830	831	833	834	835	836	838	839	840
1.0	841	843	844	845	846	847	848	850	851	852	853	854	855	857	858	859	860	861	862	863
1.1	864	865	867	868	869	870	871	872	873	874	875	876	877	878	879	880	881	882	883	884
1.2	885	886	887	888	889	890	891	892	893	893	894	895	896	897	898	899	900	901	901	902
1.3	903	904	905	906	907	907	908	909	910	911	911	912	913	914	915	915	916	917	918	918
1.4	919	920	921	921	922	923	924	924	925	926	926	927	928	929	929	930	931	931	932	933
1.5	933	934	934	935	936	936	937	938	938	939	939	940	941	941	942	942	943	944	944	945
1.6	945	946	946	947	947	948	948	949	949	950	951	951	952	952	953	953	954	954	954	955
1.7	955	956	956	957	957	958	958	959	959	960	960	960	961	961	962	962	962	963	963	964
1.8	964	964	965	965	966	966	966	967	967	967	968	968	969	969	969	970	970	970	971	971
1.9	971	972	972	972	973	973	973	974	974	974	974	975	975	975	976	976	976	976	977	977
2.0	977	978	978	978	978	979	979	979	979	980	980	980	980	981	981	981	981	981	982	982
2.1	982	982	983	983	983	983	983	984	984	984	984	984	985	985	985	985	985	986	986	986
2.2	986	986	986	987	987	987	987	987	987	988	988	988	988	988	988	989	989	989	989	989
2.3	989	989	990	990	990	990	990	990	990	990	991	991	991	991	991	991	991	991	992	992
2.4	992	992	992	992	992	992	992	993	993	993	993	993	993	993	993	993	993	994	994	994
2.5	994	994	994	994	994	994	994	994	994	995	995	995	995	995	995	995	995	995	995	995
2.6	995	995	995	996	996	996	996	996	996	996	996	996	996	996	996	996	996	996	996	996
2.7	997	997	997	997	997	997	997	997	997	997	997	997	997	997	997	997	997	997	997	997
2.8	997	997	998	998	998	998	998	998	998	998	998	998	998	998	998	998	998	998	998	998

Statistik

	000	005	010	015	020	025	030	035	040	045	050	055	060	065	070	075	080	085	090	095
2.9	998	998	998	998	998	998	998	998	998	998	998	998	998	998	999	999	999	999	999	999
3.0	999	999	999	999	999	999	999	999	999	999	999	999	999	999	999	999	999	999	999	999
3.1	999	999	999	999	999	999	999	999	999	999	999	999	999	999	999	999	999	999	999	999
3.2	999	999	999	999	999	999	999	999	999	999	999	999	999	999	999	999	999	999	999	1

Beispiel[1]: $\Phi(1.240) = \Phi(1.2 + .040) \approx 0.893$. Für nicht aufgeführte x:

- $x \geq 3.2$: $\Phi(x) \approx 1$ für $x \geq 3.2$. Für $x < 0$: $\Phi(x) = 1 - \Phi(-x)$
- Interpolation: $\Phi(\lambda x + (1-\lambda)y) \approx \lambda\Phi(x) + (1-\lambda)\Phi(y)$

14.2 Quantile der Standardnormal- und $t(n)$-Verteilung

$n =$	$\alpha =$.900	.950	.975	.990	.995	.999	.9995
∞	1.28	1.64	1.96	2.33	2.58	3.09	3.29
1	3.08	6.31	12.71	31.82	63.66	318.31	636.62
2	1.89	2.92	4.30	6.96	9.92	22.33	31.60
3	1.64	2.35	3.18	4.54	5.84	1.21	12.92
4	1.53	2.13	2.78	3.75	4.60	7.17	8.61
5	1.48	2.02	2.57	3.36	4.03	5.89	6.87
6	1.44	1.94	2.45	3.14	3.71	5.21	5.96
7	1.41	1.89	2.36	3.00	3.50	4.79	5.41
8	1.40	1.86	2.31	2.90	3.36	4.50	5.04
9	1.38	1.83	2.26	2.82	3.25	4.30	4.78
10	1.37	1.81	2.23	2.76	3.17	4.14	4.59
11	1.36	1.80	2.20	2.72	3.11	4.02	4.44
12	1.36	1.78	2.18	2.68	3.05	3.93	4.32
13	1.35	1.77	2.16	2.65	3.01	3.85	4.22
14	1.35	1.76	2.14	2.62	2.98	3.79	4.14
15	1.34	1.75	2.13	2.60	2.95	3.73	4.07
16	1.34	1.75	2.12	2.58	2.92	3.69	4.01
17	1.33	1.74	2.11	2.57	2.90	3.65	3.97
18	1.33	1.73	2.10	2.55	2.88	3.61	3.92
19	1.33	1.73	2.09	2.54	2.86	3.58	3.88
20	1.33	1.72	2.09	2.53	2.85	3.55	3.85
21	1.32	1.72	2.08	2.52	2.83	3.53	3.82
22	1.32	1.72	2.07	2.51	2.82	3.50	3.79
23	1.32	1.71	2.07	2.50	2.81	3.48	3.77
24	1.32	1.71	2.06	2.49	2.80	3.47	3.75
25	1.32	1.71	2.06	2.49	2.79	3.45	3.73
26	1.31	1.71	2.06	2.48	2.78	3.43	3.71
27	1.31	1.70	2.05	2.47	2.77	3.42	3.69
28	1.31	1.70	2.05	2.47	2.76	3.41	3.67
29	1.31	1.70	2.05	2.46	2.76	3.40	3.66
30	1.31	1.70	2.04	2.46	2.75	3.39	3.65
31	1.31	1.70	2.04	2.45	2.74	3.37	3.63
32	1.31	1.69	2.04	2.45	2.74	3.37	3.62
33	1.31	1.69	2.03	2.44	2.73	3.36	3.61
34	1.31	1.69	2.03	2.44	2.73	3.35	3.60
35	1.31	1.69	2.03	2.44	2.72	3.34	3.59
36	1.31	1.69	2.03	2.43	2.72	3.33	3.58

[1] in Tabelle weiß hervorgehoben

$n =$	$\alpha =$.900	.950	.975	.990	.995	.999	.9995
37	1.30	1.69	2.03	2.43	2.72	3.33	3.57
38	1.30	1.69	2.02	2.43	2.71	3.32	3.57
39	1.30	1.68	2.02	2.43	2.71	3.31	3.56
40	1.30	1.68	2.02	2.42	2.70	3.31	3.55
41	1.30	1.68	2.02	2.42	2.70	3.30	3.54
43	1.30	1.68	2.02	2.42	2.70	3.29	3.53
44	1.30	1.68	2.02	2.41	2.69	3.29	3.53
45	1.30	1.68	2.01	2.41	2.69	3.28	3.52
46	1.30	1.68	2.01	2.41	2.69	3.28	3.51
47	1.30	1.68	2.01	2.41	2.68	3.27	3.51
49	1.30	1.68	2.01	2.40	2.68	3.27	3.50
50	1.30	1.68	2.01	2.40	2.68	3.26	3.50
51	1.30	1.68	2.01	2.40	2.68	3.26	3.49
52	1.30	1.67	2.01	2.40	2.67	3.25	3.49
53	1.30	1.67	2.01	2.40	2.67	3.25	3.48
54	1.30	1.67	2.00	2.40	2.67	3.25	3.48
56	1.30	1.67	2.00	2.39	2.67	3.24	3.47
57	1.30	1.67	2.00	2.39	2.66	3.24	3.47
59	1.30	1.67	2.00	2.39	2.66	3.23	3.46
62	1.30	1.67	2.00	2.39	2.66	3.23	3.45
63	1.30	1.67	2.00	2.39	2.66	3.22	3.45
64	1.29	1.67	2.00	2.39	2.65	3.22	3.45
66	1.29	1.67	2.00	2.38	2.65	3.22	3.44
68	1.29	1.67	2.00	2.38	2.65	3.21	3.44
69	1.29	1.67	1.99	2.38	2.65	3.21	3.44
71	1.29	1.67	1.99	2.38	2.65	3.21	3.43
73	1.29	1.67	1.99	2.38	2.64	3.21	3.43
74	1.29	1.67	1.99	2.38	2.64	3.20	3.43
76	1.29	1.67	1.99	2.38	2.64	3.20	3.42
77	1.29	1.66	1.99	2.38	2.64	3.20	3.42
79	1.29	1.66	1.99	2.37	2.64	3.20	3.42
81	1.29	1.66	1.99	2.37	2.64	3.19	3.41
85	1.29	1.66	1.99	2.37	2.63	3.19	3.41
88	1.29	1.66	1.99	2.37	2.63	3.19	3.40
89	1.29	1.66	1.99	2.37	2.63	3.18	3.40
96	1.29	1.66	1.98	2.37	2.63	3.18	3.39
99	1.29	1.66	1.98	2.36	2.63	3.17	3.39
102	1.29	1.66	1.98	2.36	2.62	3.17	3.39
106	1.29	1.66	1.98	2.36	2.62	3.17	3.38
112	1.29	1.66	1.98	2.36	2.62	3.16	3.38
118	1.29	1.66	1.98	2.36	2.62	3.16	3.37
128	1.29	1.66	1.98	2.36	2.61	3.16	3.37
129	1.29	1.66	1.98	2.36	2.61	3.15	3.37
132	1.29	1.66	1.98	2.35	2.61	3.15	3.37
134	1.29	1.66	1.98	2.35	2.61	3.15	3.36
152	1.29	1.65	1.98	2.35	2.61	3.14	3.36
154	1.29	1.65	1.98	2.35	2.61	3.14	3.35
159	1.29	1.65	1.97	2.35	2.61	3.14	3.35
171	1.29	1.65	1.97	2.35	2.60	3.14	3.35
182	1.29	1.65	1.97	2.35	2.60	3.14	3.34
185	1.29	1.65	1.97	2.35	2.60	3.13	3.34
202	1.29	1.65	1.97	2.34	2.60	3.13	3.34
222	1.29	1.65	1.97	2.34	2.60	3.13	3.33
237	1.29	1.65	1.97	2.34	2.60	3.12	3.33
247	1.28	1.65	1.97	2.34	2.60	3.12	3.33
259	1.28	1.65	1.97	2.34	2.59	3.12	3.33
285	1.28	1.65	1.97	2.34	2.59	3.12	3.32
332	1.28	1.65	1.97	2.34	2.59	3.11	3.32

$n=$	$\alpha=$.900	.950	.975	.990	.995	.999	.9995
401	1.28	1.65	1.97	2.34	2.59	3.11	3.31
433	1.28	1.65	1.97	2.33	2.59	3.11	3.31
473	1.28	1.65	1.96	2.33	2.59	3.11	3.31
538	1.28	1.65	1.96	2.33	2.58	3.11	3.31
555	1.28	1.65	1.96	2.33	2.58	3.10	3.31
675	1.28	1.65	1.96	2.33	2.58	3.10	3.30
1712	1.28	1.65	1.96	2.33	2.58	3.09	3.30
∞	1.28	1.64	1.96	2.33	2.58	3.09	3.29

Beispiele[2]:

- $t_{0.95}(15) \approx 1.75$ und $u_{0.95} = t_{0.95}(\infty) \approx 1,64$
- Fehlendes n: nächstkleineres n in Tabelle nutzen, z.B. $t_{0.9}(250) \approx t_{0.9}(247) \approx 1,28$
- $\alpha \leq 0,1$: $t_\alpha(n) = -t_{1-\alpha}(n)$, $u_\alpha = -u_{1-\alpha}$
- $n > 2000$: $t_\alpha(n) \approx t_\alpha(\infty)$

14.3 Quantile der $\chi^2(n)$-Verteilung, $n \leq 100$

$n=$	$\alpha=$0.0005	0.001	0.0025	0.005	0.01	0.025	0.05	0.1
1	0.000	0.000	0.000	0.000	0.000	0.001	0.004	0.016
2	0.001	0.002	0.005	0.010	0.020	0.051	0.103	0.211
3	0.015	0.024	0.045	0.072	0.115	0.216	0.352	0.584
4	0.064	0.091	0.145	0.207	0.297	0.484	0.711	1.064
5	0.158	0.210	0.307	0.412	0.554	0.831	1.145	1.610
6	0.299	0.381	0.527	0.676	0.872	1.237	1.635	2.204
7	0.485	0.598	0.794	0.989	1.239	1.690	2.167	2.833
8	0.710	0.857	1.104	1.344	1.646	2.180	2.733	3.490
9	0.972	1.152	1.450	1.735	2.088	2.700	3.325	4.168
10	1.265	1.479	1.827	2.156	2.558	3.247	3.940	4.865
11	1.587	1.834	2.232	2.603	3.053	3.816	4.575	5.578
12	1.934	2.214	2.661	3.074	3.571	4.404	5.226	6.304
13	2.305	2.617	3.112	3.565	4.107	5.009	5.892	7.042
14	2.697	3.041	3.582	4.075	4.660	5.629	6.571	7.790
15	3.108	3.483	4.070	4.601	5.229	6.262	7.261	8.547
16	3.536	3.942	4.573	5.142	5.812	6.908	7.962	9.312
17	3.980	4.416	5.092	5.697	6.408	7.564	8.672	10.085
18	4.439	4.905	5.623	6.265	7.015	8.231	9.390	10.865
19	4.912	5.407	6.167	6.844	7.633	8.907	10.117	11.651
20	5.398	5.921	6.723	7.434	8.260	9.591	10.851	12.443
21	5.896	6.447	7.289	8.034	8.897	10.283	11.591	13.240
22	6.404	6.983	7.865	8.643	9.542	10.982	12.338	14.041
23	6.924	7.529	8.450	9.260	10.196	11.689	13.091	14.848
24	7.453	8.085	9.044	9.886	10.856	12.401	13.848	15.659
25	7.991	8.649	9.646	10.520	11.524	13.120	14.611	16.473
26	8.538	9.222	10.256	11.160	12.198	13.844	15.379	17.292
27	9.093	9.803	10.873	11.808	12.879	14.573	16.151	18.114
28	9.656	10.391	11.497	12.461	13.565	15.308	16.928	18.939
29	10.227	10.986	12.128	13.121	14.256	16.047	17.708	19.768
30	10.804	11.588	12.765	13.787	14.953	16.791	18.493	20.599
31	11.389	12.196	13.407	14.458	15.655	17.539	19.281	21.434
32	11.979	12.811	14.056	15.134	16.362	18.291	20.072	22.271
33	12.576	13.431	14.709	15.815	17.074	19.047	20.867	23.110
34	13.179	14.057	15.368	16.501	17.789	19.806	21.664	23.952
35	13.787	14.688	16.032	17.192	18.509	20.569	22.465	24.797
36	14.401	15.324	16.700	17.887	19.233	21.336	23.269	25.643
37	15.020	15.965	17.373	18.586	19.960	22.106	24.075	26.492

[2] in Tabelle weiß hervorgehoben

$n =$	$\alpha =$0.0005	0.001	0.0025	0.005	0.01	0.025	0.05	0.1
38	15.644	16.611	18.050	19.289	20.691	22.878	24.884	27.343
39	16.273	17.262	18.732	19.996	21.426	23.654	25.695	28.196
40	16.906	17.916	19.417	20.707	22.164	24.433	26.509	29.051
41	17.544	18.575	20.106	21.421	22.906	25.215	27.326	29.907
42	18.186	19.239	20.799	22.138	23.650	25.999	28.144	30.765
43	18.832	19.906	21.496	22.859	24.398	26.785	28.965	31.625
44	19.483	20.576	22.196	23.584	25.148	27.575	29.787	32.487
45	20.137	21.251	22.900	24.311	25.901	28.366	30.612	33.350
46	20.794	21.929	23.606	25.041	26.657	29.160	31.439	34.215
47	21.456	22.610	24.316	25.775	27.416	29.956	32.268	35.081
48	22.121	23.295	25.029	26.511	28.177	30.755	33.098	35.949
49	22.789	23.983	25.745	27.249	28.941	31.555	33.930	36.818
50	23.461	24.674	26.464	27.991	29.707	32.357	34.764	37.689
51	24.136	25.368	27.185	28.735	30.475	33.162	35.600	38.560
52	24.814	26.065	27.909	29.481	31.246	33.968	36.437	39.433
53	25.495	26.765	28.636	30.230	32.018	34.776	37.276	40.308
54	26.179	27.468	29.365	30.981	32.793	35.586	38.116	41.183
55	26.866	28.173	30.097	31.735	33.570	36.398	38.958	42.060
56	27.555	28.881	30.831	32.490	34.350	37.212	39.801	42.937
57	28.248	29.592	31.568	33.248	35.131	38.027	40.646	43.816
58	28.943	30.305	32.307	34.008	35.913	38.844	41.492	44.696
59	29.640	31.020	33.048	34.770	36.698	39.662	42.339	45.577
60	30.340	31.738	33.791	35.534	37.485	40.482	43.188	46.459
61	31.043	32.459	34.537	36.301	38.273	41.303	44.038	47.342
62	31.748	33.181	35.284	37.068	39.063	42.126	44.889	48.226
63	32.455	33.906	36.033	37.838	39.855	42.950	45.741	49.111
64	33.165	34.633	36.785	38.610	40.649	43.776	46.595	49.996
65	33.877	35.362	37.538	39.383	41.444	44.603	47.450	50.883
66	34.591	36.093	38.293	40.158	42.240	45.431	48.305	51.770
67	35.307	36.826	39.050	40.935	43.038	46.261	49.162	52.659
68	36.025	37.561	39.809	41.713	43.838	47.092	50.020	53.548
69	36.745	38.298	40.570	42.494	44.639	47.924	50.879	54.438
70	37.467	39.036	41.332	43.275	45.442	48.758	51.739	55.329
71	38.192	39.777	42.096	44.058	46.246	49.592	52.600	56.221
72	38.918	40.519	42.862	44.843	47.051	50.428	53.462	57.113
73	39.646	41.264	43.629	45.629	47.858	51.265	54.325	58.006
74	40.376	42.010	44.398	46.417	48.666	52.103	55.189	58.900
75	41.107	42.757	45.169	47.206	49.475	52.942	56.054	59.795
76	41.841	43.507	45.941	47.997	50.286	53.782	56.920	60.690
77	42.576	44.258	46.714	48.788	51.097	54.623	57.786	61.586
78	43.312	45.010	47.489	49.582	51.910	55.466	58.654	62.483
79	44.051	45.764	48.265	50.376	52.725	56.309	59.522	63.380
80	44.791	46.520	49.043	51.172	53.540	57.153	60.391	64.278
81	45.533	47.277	49.822	51.969	54.357	57.998	61.261	65.176
82	46.276	48.036	50.602	52.767	55.174	58.845	62.132	66.076
83	47.021	48.796	51.384	53.567	55.993	59.692	63.004	66.976
84	47.767	49.557	52.167	54.368	56.813	60.540	63.876	67.876
85	48.515	50.320	52.952	55.170	57.634	61.389	64.749	68.777
86	49.264	51.085	53.737	55.973	58.456	62.239	65.623	69.679
87	50.015	51.850	54.524	56.777	59.279	63.089	66.498	70.581
88	50.767	52.617	55.312	57.582	60.103	63.941	67.373	71.484
89	51.521	53.386	56.102	58.389	60.928	64.793	68.249	72.387
90	52.276	54.155	56.892	59.196	61.754	65.647	69.126	73.291
91	53.032	54.926	57.684	60.005	62.581	66.501	70.003	74.196
92	53.790	55.698	58.476	60.815	63.409	67.356	70.882	75.100
93	54.549	56.472	59.270	61.625	64.238	68.211	71.760	76.006
94	55.309	57.246	60.065	62.437	65.068	69.068	72.640	76.912
95	56.070	58.022	60.861	63.250	65.898	69.925	73.520	77.818
96	56.833	58.799	61.659	64.063	66.730	70.783	74.401	78.725
97	57.597	59.577	62.457	64.878	67.562	71.642	75.282	79.633
98	58.362	60.356	63.256	65.694	68.396	72.501	76.164	80.541
99	59.128	61.137	64.056	66.510	69.230	73.361	77.046	81.449
100	59.896	61.918	64.857	67.328	70.065	74.222	77.929	82.358

$n =$	$\alpha =$0.9	0.95	0.975	0.99	0.995	0.9975	0.999	0.9995
1	2.706	3.841	5.024	6.635	7.879	9.141	10.828	12.116
2	4.605	5.991	7.378	9.210	10.597	11.983	13.816	15.202
3	6.251	7.815	9.348	11.345	12.838	14.320	16.266	17.730

$n=$	$\alpha=0.9$	0.95	0.975	0.99	0.995	0.9975	0.999	0.9995
4	7.779	9.488	11.143	13.277	14.860	16.424	18.467	19.997
5	9.236	11.070	12.833	15.086	16.750	18.386	20.515	22.105
6	10.645	12.592	14.449	16.812	18.548	20.249	22.458	24.103
7	12.017	14.067	16.013	18.475	20.278	22.040	24.322	26.018
8	13.362	15.507	17.535	20.090	21.955	23.774	26.124	27.868
9	14.684	16.919	19.023	21.666	23.589	25.462	27.877	29.666
10	15.987	18.307	20.483	23.209	25.188	27.112	29.588	31.420
11	17.275	19.675	21.920	24.725	26.757	28.729	31.264	33.137
12	18.549	21.026	23.337	26.217	28.300	30.318	32.909	34.821
13	19.812	22.362	24.736	27.688	29.819	31.883	34.528	36.478
14	21.064	23.685	26.119	29.141	31.319	33.426	36.123	38.109
15	22.307	24.996	27.488	30.578	32.801	34.950	37.697	39.719
16	23.542	26.296	28.845	32.000	34.267	36.456	39.252	41.308
17	24.769	27.587	30.191	33.409	35.718	37.946	40.790	42.879
18	25.989	28.869	31.526	34.805	37.156	39.422	42.312	44.434
19	27.204	30.144	32.852	36.191	38.582	40.885	43.820	45.973
20	28.412	31.410	34.170	37.566	39.997	42.336	45.315	47.498
21	29.615	32.671	35.479	38.932	41.401	43.775	46.797	49.011
22	30.813	33.924	36.781	40.289	42.796	45.204	48.268	50.511
23	32.007	35.172	38.076	41.638	44.181	46.623	49.728	52.000
24	33.196	36.415	39.364	42.980	45.559	48.034	51.179	53.479
25	34.382	37.652	40.646	44.314	46.928	49.435	52.620	54.947
26	35.563	38.885	41.923	45.642	48.290	50.829	54.052	56.407
27	36.741	40.113	43.195	46.963	49.645	52.215	55.476	57.858
28	37.916	41.337	44.461	48.278	50.993	53.594	56.892	59.300
29	39.087	42.557	45.722	49.588	52.336	54.967	58.301	60.735
30	40.256	43.773	46.979	50.892	53.672	56.332	59.703	62.162
31	41.422	44.985	48.232	52.191	55.003	57.692	61.098	63.582
32	42.585	46.194	49.480	53.486	56.328	59.046	62.487	64.995
33	43.745	47.400	50.725	54.776	57.648	60.395	63.870	66.403
34	44.903	48.602	51.966	56.061	58.964	61.738	65.247	67.803
35	46.059	49.802	53.203	57.342	60.275	63.076	66.619	69.199
36	47.212	50.998	54.437	58.619	61.581	64.410	67.985	70.588
37	48.363	52.192	55.668	59.893	62.883	65.739	69.346	71.972
38	49.513	53.384	56.896	61.162	64.181	67.063	70.703	73.351
39	50.660	54.572	58.120	62.428	65.476	68.383	72.055	74.725
40	51.805	55.758	59.342	63.691	66.766	69.699	73.402	76.095
41	52.949	56.942	60.561	64.950	68.053	71.011	74.745	77.459
42	54.090	58.124	61.777	66.206	69.336	72.320	76.084	78.820
43	55.230	59.304	62.990	67.459	70.616	73.624	77.419	80.176
44	56.369	60.481	64.201	68.710	71.893	74.925	78.750	81.528
45	57.505	61.656	65.410	69.957	73.166	76.223	80.077	82.876
46	58.641	62.830	66.617	71.201	74.437	77.517	81.400	84.220
47	59.774	64.001	67.821	72.443	75.704	78.809	82.720	85.560
48	60.907	65.171	69.023	73.683	76.969	80.097	84.037	86.897
49	62.038	66.339	70.222	74.919	78.231	81.382	85.351	88.231
50	63.167	67.505	71.420	76.154	79.490	82.664	86.661	89.561
51	64.295	68.669	72.616	77.386	80.747	83.943	87.968	90.887
52	65.422	69.832	73.810	78.616	82.001	85.220	89.272	92.211
53	66.548	70.993	75.002	79.843	83.253	86.494	90.573	93.531
54	67.673	72.153	76.192	81.069	84.502	87.766	91.872	94.849
55	68.796	73.311	77.380	82.292	85.749	89.035	93.168	96.163
56	69.919	74.468	78.567	83.513	86.994	90.301	94.461	97.475
57	71.040	75.624	79.752	84.733	88.236	91.565	95.751	98.784
58	72.160	76.778	80.936	85.950	89.477	92.827	97.039	100.090
59	73.279	77.931	82.117	87.166	90.715	94.087	98.324	101.394
60	74.397	79.082	83.298	88.379	91.952	95.344	99.607	102.695
61	75.514	80.232	84.476	89.591	93.186	96.599	100.888	103.993
62	76.630	81.381	85.654	90.802	94.419	97.852	102.166	105.289
63	77.745	82.529	86.830	92.010	95.649	99.104	103.442	106.583
64	78.860	83.675	88.004	93.217	96.878	100.353	104.716	107.875
65	79.973	84.821	89.177	94.422	98.105	101.600	105.988	109.164
66	81.085	85.965	90.349	95.626	99.330	102.845	107.258	110.451
67	82.197	87.108	91.519	96.828	100.554	104.089	108.526	111.736
68	83.308	88.250	92.689	98.028	101.776	105.330	109.791	113.018
69	84.418	89.391	93.856	99.228	102.996	106.570	111.055	114.299
70	85.527	90.531	95.023	100.425	104.215	107.808	112.317	115.578
71	86.635	91.670	96.189	101.621	105.432	109.045	113.577	116.854
72	87.743	92.808	97.353	102.816	106.648	110.279	114.835	118.129
73	88.850	93.945	98.516	104.010	107.862	111.513	116.092	119.402

$n =$	$\alpha = 0.9$	0.95	0.975	0.99	0.995	0.9975	0.999	0.9995
74	89.956	95.081	99.678	105.202	109.074	112.744	117.346	120.673
75	91.061	96.217	100.839	106.393	110.286	113.974	118.599	121.942
76	92.166	97.351	101.999	107.583	111.495	115.203	119.850	123.209
77	93.270	98.484	103.158	108.771	112.704	116.430	121.100	124.475
78	94.374	99.617	104.316	109.958	113.911	117.655	122.348	125.739
79	95.476	100.749	105.473	111.144	115.117	118.879	123.594	127.001
80	96.578	101.879	106.629	112.329	116.321	120.102	124.839	128.261
81	97.680	103.010	107.783	113.512	117.524	121.323	126.083	129.520
82	98.780	104.139	108.937	114.695	118.726	122.543	127.324	130.778
83	99.880	105.267	110.090	115.876	119.927	123.761	128.565	132.033
84	100.980	106.395	111.242	117.057	121.126	124.979	129.804	133.288
85	102.079	107.522	112.393	118.236	122.325	126.195	131.041	134.540
86	103.177	108.648	113.544	119.414	123.522	127.409	132.277	135.792
87	104.275	109.773	114.693	120.591	124.718	128.623	133.512	137.041
88	105.372	110.898	115.841	121.767	125.913	129.835	134.745	138.290
89	106.469	112.022	116.989	122.942	127.106	131.046	135.978	139.537
90	107.565	113.145	118.136	124.116	128.299	132.256	137.208	140.782
91	108.661	114.268	119.282	125.289	129.491	133.464	138.438	142.027
92	109.756	115.390	120.427	126.462	130.681	134.672	139.666	143.269
93	110.850	116.511	121.571	127.633	131.871	135.878	140.893	144.511
94	111.944	117.632	122.715	128.803	133.059	137.083	142.119	145.751
95	113.038	118.752	123.858	129.973	134.247	138.288	143.344	146.990
96	114.131	119.871	125.000	131.141	135.433	139.491	144.567	148.228
97	115.223	120.990	126.141	132.309	136.619	140.693	145.789	149.465
98	116.315	122.108	127.282	133.476	137.803	141.894	147.010	150.700
99	117.407	123.225	128.422	134.642	138.987	143.094	148.230	151.934
100	118.498	124.342	129.561	135.807	140.169	144.293	149.449	153.167

14.4 Quantile der $F(m, n)$-Verteilung, $n \leq 500$, $m \leq 20$

Bei nicht aufgeführtem n: nächstkleineres n in der Tabelle verwenden.

Quantile für $\alpha = 0,9$

$n =$	$m = 1$	2	3	4	5	6	7	8	9	10
1	39.86	49.50	53.59	55.83	57.24	58.20	58.91	59.44	59.86	60.19
2	8.53	9.00	9.16	9.24	9.29	9.33	9.35	9.37	9.38	9.39
3	5.54	5.46	5.39	5.34	5.31	5.28	5.27	5.25	5.24	5.23
4	4.54	4.32	4.19	4.11	4.05	4.01	3.98	3.95	3.94	3.92
5	4.06	3.78	3.62	3.52	3.45	3.40	3.37	3.34	3.32	3.30
6	3.78	3.46	3.29	3.18	3.11	3.05	3.01	2.98	2.96	2.94
7	3.59	3.26	3.07	2.96	2.88	2.83	2.78	2.75	2.72	2.70
8	3.46	3.11	2.92	2.81	2.73	2.67	2.62	2.59	2.56	2.54
9	3.36	3.01	2.81	2.69	2.61	2.55	2.51	2.47	2.44	2.42
10	3.29	2.92	2.73	2.61	2.52	2.46	2.41	2.38	2.35	2.32
11	3.23	2.86	2.66	2.54	2.45	2.39	2.34	2.30	2.27	2.25
12	3.18	2.81	2.61	2.48	2.39	2.33	2.28	2.24	2.21	2.19
13	3.14	2.76	2.56	2.43	2.35	2.28	2.23	2.20	2.16	2.14
14	3.10	2.73	2.52	2.39	2.31	2.24	2.19	2.15	2.12	2.10
15	3.07	2.70	2.49	2.36	2.27	2.21	2.16	2.12	2.09	2.06
16	3.05	2.67	2.46	2.33	2.24	2.18	2.13	2.09	2.06	2.03
17	3.03	2.64	2.44	2.31	2.22	2.15	2.10	2.06	2.03	2.00
18	3.01	2.62	2.42	2.29	2.20	2.13	2.08	2.04	2.00	1.98
19	2.99	2.61	2.40	2.27	2.18	2.11	2.06	2.02	1.98	1.96
20	2.97	2.59	2.38	2.25	2.16	2.09	2.04	2.00	1.96	1.94
21	2.96	2.57	2.36	2.23	2.14	2.08	2.02	1.98	1.95	1.92
22	2.95	2.56	2.35	2.22	2.13	2.06	2.01	1.97	1.93	1.90
23	2.94	2.55	2.34	2.21	2.11	2.05	1.99	1.95	1.92	1.89
24	2.93	2.54	2.33	2.19	2.10	2.04	1.98	1.94	1.91	1.88
25	2.92	2.53	2.32	2.18	2.09	2.02	1.97	1.93	1.89	1.87
26	2.91	2.52	2.31	2.17	2.08	2.01	1.96	1.92	1.88	1.86
27	2.90	2.51	2.30	2.17	2.07	2.00	1.95	1.91	1.87	1.85
28	2.89	2.50	2.29	2.16	2.06	2.00	1.94	1.90	1.87	1.84
29	2.89	2.50	2.28	2.15	2.06	1.99	1.93	1.89	1.86	1.83
30	2.88	2.49	2.28	2.14	2.05	1.98	1.93	1.88	1.85	1.82
31	2.87	2.48	2.27	2.14	2.04	1.97	1.92	1.88	1.84	1.81

Statistik

$n=$	$m=1$	2	3	4	5	6	7	8	9	10
32	2.87	2.48	2.26	2.13	2.04	1.97	1.91	1.87	1.83	1.81
33	2.86	2.47	2.26	2.12	2.03	1.96	1.91	1.86	1.83	1.80
34	2.86	2.47	2.25	2.12	2.02	1.96	1.90	1.86	1.82	1.79
35	2.85	2.46	2.25	2.11	2.02	1.95	1.90	1.85	1.82	1.79
36	2.85	2.46	2.24	2.11	2.01	1.94	1.89	1.85	1.81	1.78
37	2.85	2.45	2.24	2.10	2.01	1.94	1.89	1.84	1.81	1.78
38	2.84	2.45	2.23	2.10	2.01	1.94	1.88	1.84	1.80	1.77
39	2.84	2.44	2.23	2.09	2.00	1.93	1.88	1.83	1.80	1.77
40	2.84	2.44	2.23	2.09	2.00	1.93	1.87	1.83	1.79	1.76
41	2.83	2.44	2.22	2.09	1.99	1.92	1.87	1.82	1.79	1.76
42	2.83	2.43	2.22	2.08	1.99	1.92	1.86	1.82	1.78	1.75
44	2.82	2.43	2.21	2.08	1.98	1.91	1.86	1.81	1.78	1.75
45	2.82	2.42	2.21	2.07	1.98	1.91	1.85	1.81	1.77	1.74
47	2.82	2.42	2.20	2.07	1.97	1.90	1.85	1.80	1.77	1.74
48	2.81	2.42	2.20	2.07	1.97	1.90	1.85	1.80	1.77	1.73
49	2.81	2.41	2.20	2.06	1.97	1.90	1.84	1.80	1.76	1.73
51	2.81	2.41	2.19	2.06	1.96	1.89	1.84	1.79	1.76	1.73
52	2.80	2.41	2.19	2.06	1.96	1.89	1.84	1.79	1.75	1.72
53	2.80	2.41	2.19	2.05	1.96	1.89	1.83	1.79	1.75	1.72
54	2.80	2.40	2.19	2.05	1.96	1.89	1.83	1.79	1.75	1.72
55	2.80	2.40	2.19	2.05	1.95	1.88	1.83	1.78	1.75	1.72
56	2.80	2.40	2.18	2.05	1.95	1.88	1.83	1.78	1.75	1.71
57	2.80	2.40	2.18	2.05	1.95	1.88	1.82	1.78	1.74	1.71
58	2.79	2.40	2.18	2.04	1.95	1.88	1.82	1.78	1.74	1.71
59	2.79	2.39	2.18	2.04	1.95	1.88	1.82	1.78	1.74	1.71
60	2.79	2.39	2.18	2.04	1.95	1.87	1.82	1.77	1.74	1.71
61	2.79	2.39	2.18	2.04	1.94	1.87	1.82	1.77	1.74	1.71
62	2.79	2.39	2.17	2.04	1.94	1.87	1.82	1.77	1.73	1.70
63	2.79	2.39	2.17	2.04	1.94	1.87	1.81	1.77	1.73	1.70
64	2.79	2.39	2.17	2.03	1.94	1.87	1.81	1.77	1.73	1.70
65	2.78	2.39	2.17	2.03	1.94	1.87	1.81	1.77	1.73	1.70
66	2.78	2.38	2.17	2.03	1.94	1.87	1.81	1.77	1.73	1.70
67	2.78	2.38	2.17	2.03	1.94	1.86	1.81	1.76	1.73	1.70
68	2.78	2.38	2.17	2.03	1.93	1.86	1.81	1.76	1.73	1.69
69	2.78	2.38	2.16	2.03	1.93	1.86	1.81	1.76	1.72	1.69
70	2.78	2.38	2.16	2.03	1.93	1.86	1.80	1.76	1.72	1.69
72	2.78	2.38	2.16	2.02	1.93	1.86	1.80	1.76	1.72	1.69
74	2.77	2.38	2.16	2.02	1.93	1.86	1.80	1.75	1.72	1.69
75	2.77	2.37	2.16	2.02	1.93	1.85	1.80	1.75	1.72	1.69
76	2.77	2.37	2.16	2.02	1.92	1.85	1.80	1.75	1.72	1.68
77	2.77	2.37	2.16	2.02	1.92	1.85	1.80	1.75	1.71	1.68
79	2.77	2.37	2.15	2.02	1.92	1.85	1.79	1.75	1.71	1.68
82	2.77	2.37	2.15	2.01	1.92	1.85	1.79	1.75	1.71	1.68
84	2.77	2.37	2.15	2.01	1.92	1.85	1.79	1.74	1.71	1.68
85	2.77	2.37	2.15	2.01	1.92	1.84	1.79	1.74	1.71	1.67
86	2.76	2.37	2.15	2.01	1.92	1.84	1.79	1.74	1.71	1.67
87	2.76	2.36	2.15	2.01	1.91	1.84	1.79	1.74	1.70	1.67
90	2.76	2.36	2.15	2.01	1.91	1.84	1.78	1.74	1.70	1.67
91	2.76	2.36	2.14	2.01	1.91	1.84	1.78	1.74	1.70	1.67
95	2.76	2.36	2.14	2.00	1.91	1.84	1.78	1.74	1.70	1.67
97	2.76	2.36	2.14	2.00	1.91	1.84	1.78	1.73	1.70	1.67
98	2.76	2.36	2.14	2.00	1.91	1.84	1.78	1.73	1.70	1.66
99	2.76	2.36	2.14	2.00	1.91	1.83	1.78	1.73	1.70	1.66
100	2.76	2.36	2.14	2.00	1.91	1.83	1.78	1.73	1.69	1.66
102	2.76	2.36	2.14	2.00	1.90	1.83	1.78	1.73	1.69	1.66
103	2.75	2.35	2.14	2.00	1.90	1.83	1.78	1.73	1.69	1.66
105	2.75	2.35	2.14	2.00	1.90	1.83	1.77	1.73	1.69	1.66
109	2.75	2.35	2.13	2.00	1.90	1.83	1.77	1.73	1.69	1.66
114	2.75	2.35	2.13	1.99	1.90	1.83	1.77	1.72	1.69	1.66
115	2.75	2.35	2.13	1.99	1.90	1.83	1.77	1.72	1.69	1.65
118	2.75	2.35	2.13	1.99	1.90	1.82	1.77	1.72	1.69	1.65
119	2.75	2.35	2.13	1.99	1.90	1.82	1.77	1.72	1.68	1.65
123	2.75	2.35	2.13	1.99	1.89	1.82	1.77	1.72	1.68	1.65
127	2.75	2.34	2.13	1.99	1.89	1.82	1.76	1.72	1.68	1.65
129	2.74	2.34	2.13	1.99	1.89	1.82	1.76	1.72	1.68	1.65
135	2.74	2.34	2.12	1.99	1.89	1.82	1.76	1.72	1.68	1.65
139	2.74	2.34	2.12	1.99	1.89	1.82	1.76	1.71	1.68	1.64
142	2.74	2.34	2.12	1.98	1.89	1.82	1.76	1.71	1.68	1.64
146	2.74	2.34	2.12	1.98	1.89	1.81	1.76	1.71	1.67	1.64
155	2.74	2.34	2.12	1.98	1.88	1.81	1.76	1.71	1.67	1.64

$n=$	$m=1$	2	3	4	5	6	7	8	9	10
159	2.74	2.34	2.12	1.98	1.88	1.81	1.75	1.71	1.67	1.64
166	2.74	2.33	2.12	1.98	1.88	1.81	1.75	1.71	1.67	1.64
172	2.73	2.33	2.12	1.98	1.88	1.81	1.75	1.71	1.67	1.64
177	2.73	2.33	2.11	1.98	1.88	1.81	1.75	1.71	1.67	1.63
178	2.73	2.33	2.11	1.98	1.88	1.81	1.75	1.70	1.67	1.63
189	2.73	2.33	2.11	1.97	1.88	1.81	1.75	1.70	1.66	1.63
193	2.73	2.33	2.11	1.97	1.88	1.80	1.75	1.70	1.66	1.63
210	2.73	2.33	2.11	1.97	1.87	1.80	1.75	1.70	1.66	1.63
215	2.73	2.33	2.11	1.97	1.87	1.80	1.74	1.70	1.66	1.63
239	2.73	2.32	2.11	1.97	1.87	1.80	1.74	1.70	1.66	1.63
244	2.73	2.32	2.11	1.97	1.87	1.80	1.74	1.70	1.66	1.62
250	2.73	2.32	2.11	1.97	1.87	1.80	1.74	1.69	1.66	1.62
260	2.72	2.32	2.10	1.97	1.87	1.80	1.74	1.69	1.66	1.62
269	2.72	2.32	2.10	1.97	1.87	1.80	1.74	1.69	1.65	1.62
281	2.72	2.32	2.10	1.96	1.87	1.80	1.74	1.69	1.65	1.62
284	2.72	2.32	2.10	1.96	1.87	1.79	1.74	1.69	1.65	1.62
327	2.72	2.32	2.10	1.96	1.86	1.79	1.74	1.69	1.65	1.62
331	2.72	2.32	2.10	1.96	1.86	1.79	1.73	1.69	1.65	1.62
394	2.72	2.32	2.10	1.96	1.86	1.79	1.73	1.69	1.65	1.61
417	2.72	2.32	2.10	1.96	1.86	1.79	1.73	1.68	1.65	1.61
429	2.72	2.31	2.10	1.96	1.86	1.79	1.73	1.68	1.65	1.61
467	2.72	2.31	2.10	1.96	1.86	1.79	1.73	1.68	1.64	1.61
490	2.72	2.31	2.09	1.96	1.86	1.79	1.73	1.68	1.64	1.61

$n=$	$m=11$	12	13	14	15	16	17	18	19	20
1	60.47	60.71	60.90	61.07	61.22	61.35	61.46	61.57	61.66	61.74
2	9.40	9.41	9.41	9.42	9.42	9.43	9.43	9.44	9.44	9.44
3	5.22	5.22	5.21	5.20	5.20	5.20	5.19	5.19	5.19	5.18
4	3.91	3.90	3.89	3.88	3.87	3.86	3.86	3.85	3.85	3.84
5	3.28	3.27	3.26	3.25	3.24	3.23	3.22	3.22	3.21	3.21
6	2.92	2.90	2.89	2.88	2.87	2.86	2.85	2.85	2.84	2.84
7	2.68	2.67	2.65	2.64	2.63	2.62	2.61	2.61	2.60	2.59
8	2.52	2.50	2.49	2.48	2.46	2.45	2.45	2.44	2.43	2.42
9	2.40	2.38	2.36	2.35	2.34	2.33	2.32	2.31	2.30	2.30
10	2.30	2.28	2.27	2.26	2.24	2.23	2.22	2.22	2.21	2.20
11	2.23	2.21	2.19	2.18	2.17	2.16	2.15	2.14	2.13	2.12
12	2.17	2.15	2.13	2.12	2.10	2.09	2.08	2.08	2.07	2.06
13	2.12	2.10	2.08	2.07	2.05	2.04	2.03	2.02	2.01	2.01
14	2.07	2.05	2.04	2.02	2.01	2.00	1.99	1.98	1.97	1.96
15	2.04	2.02	2.00	1.99	1.97	1.96	1.95	1.94	1.93	1.92
16	2.01	1.99	1.97	1.95	1.94	1.93	1.92	1.91	1.90	1.89
17	1.98	1.96	1.94	1.93	1.91	1.90	1.89	1.88	1.87	1.86
18	1.95	1.93	1.92	1.90	1.89	1.87	1.86	1.85	1.84	1.84
19	1.93	1.91	1.89	1.88	1.86	1.85	1.84	1.83	1.82	1.81
20	1.91	1.89	1.87	1.86	1.84	1.83	1.82	1.81	1.80	1.79
21	1.90	1.87	1.86	1.84	1.83	1.81	1.80	1.79	1.78	1.78
22	1.88	1.86	1.84	1.83	1.81	1.80	1.79	1.78	1.77	1.76
23	1.87	1.84	1.83	1.81	1.80	1.78	1.77	1.76	1.75	1.74
24	1.85	1.83	1.81	1.80	1.78	1.77	1.76	1.75	1.74	1.73
25	1.84	1.82	1.80	1.79	1.77	1.76	1.75	1.74	1.73	1.72
26	1.83	1.81	1.79	1.77	1.76	1.75	1.73	1.72	1.71	1.71
27	1.82	1.80	1.78	1.76	1.75	1.74	1.72	1.71	1.70	1.70
28	1.81	1.79	1.77	1.75	1.74	1.73	1.71	1.70	1.69	1.69
29	1.80	1.78	1.76	1.75	1.73	1.72	1.71	1.69	1.68	1.68
30	1.79	1.77	1.75	1.74	1.72	1.71	1.70	1.69	1.68	1.67
31	1.79	1.77	1.75	1.73	1.71	1.70	1.69	1.68	1.67	1.66
32	1.78	1.76	1.74	1.72	1.71	1.69	1.68	1.67	1.66	1.65
33	1.77	1.75	1.73	1.72	1.70	1.69	1.67	1.66	1.65	1.64
34	1.77	1.75	1.73	1.71	1.69	1.68	1.67	1.66	1.65	1.64
35	1.76	1.74	1.72	1.70	1.69	1.67	1.66	1.65	1.64	1.63
36	1.76	1.73	1.71	1.70	1.68	1.67	1.66	1.65	1.64	1.63
37	1.75	1.73	1.71	1.69	1.68	1.66	1.65	1.64	1.63	1.62
38	1.75	1.72	1.70	1.69	1.67	1.66	1.65	1.63	1.62	1.61
39	1.74	1.72	1.70	1.68	1.67	1.65	1.64	1.63	1.62	1.61
40	1.74	1.71	1.70	1.68	1.66	1.65	1.64	1.62	1.61	1.61
41	1.73	1.71	1.69	1.67	1.66	1.64	1.63	1.62	1.61	1.60
42	1.73	1.71	1.69	1.67	1.65	1.64	1.63	1.62	1.61	1.60
43	1.72	1.70	1.68	1.67	1.65	1.64	1.62	1.61	1.60	1.59
44	1.72	1.70	1.68	1.66	1.65	1.63	1.62	1.61	1.60	1.59
45	1.72	1.70	1.68	1.66	1.64	1.63	1.62	1.60	1.59	1.58

$n=$	$m=11$	12	13	14	15	16	17	18	19	20
46	1.71	1.69	1.67	1.65	1.64	1.63	1.61	1.60	1.59	1.58
47	1.71	1.69	1.67	1.65	1.64	1.62	1.61	1.60	1.59	1.58
48	1.71	1.69	1.67	1.65	1.63	1.62	1.61	1.59	1.58	1.57
49	1.71	1.68	1.66	1.65	1.63	1.62	1.60	1.59	1.58	1.57
50	1.70	1.68	1.66	1.64	1.63	1.61	1.60	1.59	1.58	1.57
51	1.70	1.68	1.66	1.64	1.62	1.61	1.60	1.59	1.57	1.57
52	1.70	1.67	1.65	1.64	1.62	1.61	1.59	1.58	1.57	1.56
53	1.70	1.67	1.65	1.63	1.62	1.60	1.59	1.58	1.57	1.56
54	1.69	1.67	1.65	1.63	1.62	1.60	1.59	1.58	1.57	1.56
55	1.69	1.67	1.65	1.63	1.61	1.60	1.59	1.58	1.56	1.55
56	1.69	1.67	1.65	1.63	1.61	1.60	1.58	1.57	1.56	1.55
57	1.69	1.66	1.64	1.63	1.61	1.60	1.58	1.57	1.56	1.55
58	1.68	1.66	1.64	1.62	1.61	1.59	1.58	1.57	1.56	1.55
60	1.68	1.66	1.64	1.62	1.60	1.59	1.58	1.56	1.55	1.54
61	1.68	1.66	1.64	1.62	1.60	1.59	1.57	1.56	1.55	1.54
62	1.68	1.65	1.63	1.62	1.60	1.59	1.57	1.56	1.55	1.54
63	1.68	1.65	1.63	1.61	1.60	1.58	1.57	1.56	1.55	1.54
64	1.67	1.65	1.63	1.61	1.60	1.58	1.57	1.56	1.55	1.54
65	1.67	1.65	1.63	1.61	1.59	1.58	1.57	1.55	1.54	1.53
67	1.67	1.65	1.63	1.61	1.59	1.58	1.56	1.55	1.54	1.53
68	1.67	1.64	1.62	1.61	1.59	1.58	1.56	1.55	1.54	1.53
69	1.67	1.64	1.62	1.60	1.59	1.57	1.56	1.55	1.54	1.53
70	1.66	1.64	1.62	1.60	1.59	1.57	1.56	1.55	1.54	1.53
71	1.66	1.64	1.62	1.60	1.59	1.57	1.56	1.55	1.53	1.52
72	1.66	1.64	1.62	1.60	1.58	1.57	1.56	1.54	1.53	1.52
73	1.66	1.64	1.62	1.60	1.58	1.57	1.55	1.54	1.53	1.52
75	1.66	1.63	1.61	1.60	1.58	1.57	1.55	1.54	1.53	1.52
76	1.66	1.63	1.61	1.59	1.58	1.56	1.55	1.54	1.53	1.52
78	1.65	1.63	1.61	1.59	1.58	1.56	1.55	1.54	1.53	1.52
79	1.65	1.63	1.61	1.59	1.58	1.56	1.55	1.54	1.52	1.51
80	1.65	1.63	1.61	1.59	1.57	1.56	1.55	1.53	1.52	1.51
82	1.65	1.63	1.61	1.59	1.57	1.56	1.54	1.53	1.52	1.51
84	1.65	1.63	1.60	1.59	1.57	1.56	1.54	1.53	1.52	1.51
85	1.65	1.62	1.60	1.59	1.57	1.55	1.54	1.53	1.52	1.51
86	1.65	1.62	1.60	1.58	1.57	1.55	1.54	1.53	1.52	1.51
88	1.65	1.62	1.60	1.58	1.57	1.55	1.54	1.53	1.51	1.50
89	1.64	1.62	1.60	1.58	1.57	1.55	1.54	1.52	1.51	1.50
90	1.64	1.62	1.60	1.58	1.56	1.55	1.54	1.52	1.51	1.50
92	1.64	1.62	1.60	1.58	1.56	1.55	1.53	1.52	1.51	1.50
96	1.64	1.62	1.59	1.58	1.56	1.54	1.53	1.52	1.51	1.50
97	1.64	1.61	1.59	1.58	1.56	1.54	1.53	1.52	1.51	1.50
98	1.64	1.61	1.59	1.57	1.56	1.54	1.53	1.52	1.51	1.50
100	1.64	1.61	1.59	1.57	1.56	1.54	1.53	1.52	1.50	1.49
102	1.63	1.61	1.59	1.57	1.56	1.54	1.53	1.51	1.50	1.49
103	1.63	1.61	1.59	1.57	1.55	1.54	1.53	1.51	1.50	1.49
105	1.63	1.61	1.59	1.57	1.55	1.54	1.52	1.51	1.50	1.49
111	1.63	1.61	1.58	1.57	1.55	1.53	1.52	1.51	1.50	1.49
113	1.63	1.60	1.58	1.57	1.55	1.53	1.52	1.51	1.50	1.49
114	1.63	1.60	1.58	1.56	1.55	1.53	1.52	1.51	1.50	1.49
115	1.63	1.60	1.58	1.56	1.55	1.53	1.52	1.51	1.50	1.48
116	1.63	1.60	1.58	1.56	1.55	1.53	1.52	1.51	1.49	1.48
118	1.63	1.60	1.58	1.56	1.55	1.53	1.52	1.50	1.49	1.48
121	1.62	1.60	1.58	1.56	1.54	1.53	1.52	1.50	1.49	1.48
123	1.62	1.60	1.58	1.56	1.54	1.53	1.51	1.50	1.49	1.48
132	1.62	1.60	1.58	1.56	1.54	1.52	1.51	1.50	1.49	1.48
133	1.62	1.60	1.57	1.56	1.54	1.52	1.51	1.50	1.49	1.48
136	1.62	1.59	1.57	1.55	1.54	1.52	1.51	1.50	1.49	1.47
138	1.62	1.59	1.57	1.55	1.54	1.52	1.51	1.50	1.48	1.47
141	1.62	1.59	1.57	1.55	1.54	1.52	1.51	1.49	1.48	1.47
145	1.62	1.59	1.57	1.55	1.53	1.52	1.51	1.49	1.48	1.47
147	1.61	1.59	1.57	1.55	1.53	1.52	1.51	1.49	1.48	1.47
149	1.61	1.59	1.57	1.55	1.53	1.52	1.50	1.49	1.48	1.47
162	1.61	1.59	1.57	1.55	1.53	1.51	1.50	1.49	1.48	1.47
165	1.61	1.59	1.56	1.55	1.53	1.51	1.50	1.49	1.48	1.47
167	1.61	1.59	1.56	1.55	1.53	1.51	1.50	1.49	1.48	1.46
169	1.61	1.59	1.56	1.55	1.53	1.51	1.50	1.49	1.47	1.46
170	1.61	1.58	1.56	1.54	1.53	1.51	1.50	1.49	1.47	1.46
176	1.61	1.58	1.56	1.54	1.53	1.51	1.50	1.48	1.47	1.46
184	1.61	1.58	1.56	1.54	1.52	1.51	1.50	1.48	1.47	1.46
188	1.61	1.58	1.56	1.54	1.52	1.51	1.49	1.48	1.47	1.46

$n =$	$m = 11$	12	13	14	15	16	17	18	19	20
189	1.60	1.58	1.56	1.54	1.52	1.51	1.49	1.48	1.47	1.46
209	1.60	1.58	1.56	1.54	1.52	1.50	1.49	1.48	1.47	1.46
215	1.60	1.58	1.56	1.54	1.52	1.50	1.49	1.48	1.47	1.45
218	1.60	1.58	1.55	1.54	1.52	1.50	1.49	1.48	1.47	1.45
220	1.60	1.58	1.55	1.54	1.52	1.50	1.49	1.48	1.46	1.45
225	1.60	1.58	1.55	1.53	1.52	1.50	1.49	1.48	1.46	1.45
227	1.60	1.57	1.55	1.53	1.52	1.50	1.49	1.48	1.46	1.45
232	1.60	1.57	1.55	1.53	1.52	1.50	1.49	1.47	1.46	1.45
249	1.60	1.57	1.55	1.53	1.51	1.50	1.49	1.47	1.46	1.45
255	1.60	1.57	1.55	1.53	1.51	1.50	1.48	1.47	1.46	1.45
266	1.59	1.57	1.55	1.53	1.51	1.50	1.48	1.47	1.46	1.45
298	1.59	1.57	1.55	1.53	1.51	1.49	1.48	1.47	1.46	1.45
303	1.59	1.57	1.55	1.53	1.51	1.49	1.48	1.47	1.46	1.44
315	1.59	1.57	1.55	1.53	1.51	1.49	1.48	1.47	1.45	1.44
321	1.59	1.57	1.54	1.53	1.51	1.49	1.48	1.47	1.45	1.44
335	1.59	1.57	1.54	1.52	1.51	1.49	1.48	1.47	1.45	1.44
341	1.59	1.57	1.54	1.52	1.51	1.49	1.48	1.46	1.45	1.44
345	1.59	1.56	1.54	1.52	1.51	1.49	1.48	1.46	1.45	1.44
388	1.59	1.56	1.54	1.52	1.50	1.49	1.48	1.46	1.45	1.44
396	1.59	1.56	1.54	1.52	1.50	1.49	1.47	1.46	1.45	1.44
448	1.58	1.56	1.54	1.52	1.50	1.49	1.47	1.46	1.45	1.44

Quantile für $\alpha = 0,95$

$n =$	$m = 1$	2	3	4	5	6	7	8	9	10
1	161.5	199.5	215.7	224.6	230.2	234.0	236.8	238.9	240.5	241.8
2	18.51	19.00	19.16	19.25	19.30	19.33	19.35	19.37	19.38	19.40
3	10.13	9.55	9.28	9.12	9.01	8.94	8.89	8.85	8.81	8.79
4	7.71	6.94	6.59	6.39	6.26	6.16	6.09	6.04	6.00	5.96
5	6.61	5.79	5.41	5.19	5.05	4.95	4.88	4.82	4.77	4.74
6	5.99	5.14	4.76	4.53	4.39	4.28	4.21	4.15	4.10	4.06
7	5.59	4.74	4.35	4.12	3.97	3.87	3.79	3.73	3.68	3.64
8	5.32	4.46	4.07	3.84	3.69	3.58	3.50	3.44	3.39	3.35
9	5.12	4.26	3.86	3.63	3.48	3.37	3.29	3.23	3.18	3.14
10	4.96	4.10	3.71	3.48	3.33	3.22	3.14	3.07	3.02	2.98
11	4.84	3.98	3.59	3.36	3.20	3.09	3.01	2.95	2.90	2.85
12	4.75	3.89	3.49	3.26	3.11	3.00	2.91	2.85	2.80	2.75
13	4.67	3.81	3.41	3.18	3.03	2.92	2.83	2.77	2.71	2.67
14	4.60	3.74	3.34	3.11	2.96	2.85	2.76	2.70	2.65	2.60
15	4.54	3.68	3.29	3.06	2.90	2.79	2.71	2.64	2.59	2.54
16	4.49	3.63	3.24	3.01	2.85	2.74	2.66	2.59	2.54	2.49
17	4.45	3.59	3.20	2.96	2.81	2.70	2.61	2.55	2.49	2.45
18	4.41	3.55	3.16	2.93	2.77	2.66	2.58	2.51	2.46	2.41
19	4.38	3.52	3.13	2.90	2.74	2.63	2.54	2.48	2.42	2.38
20	4.35	3.49	3.10	2.87	2.71	2.60	2.51	2.45	2.39	2.35
21	4.32	3.47	3.07	2.84	2.68	2.57	2.49	2.42	2.37	2.32
22	4.30	3.44	3.05	2.82	2.66	2.55	2.46	2.40	2.34	2.30
23	4.28	3.42	3.03	2.80	2.64	2.53	2.44	2.37	2.32	2.27
24	4.26	3.40	3.01	2.78	2.62	2.51	2.42	2.36	2.30	2.25
25	4.24	3.39	2.99	2.76	2.60	2.49	2.40	2.34	2.28	2.24
26	4.23	3.37	2.98	2.74	2.59	2.47	2.39	2.32	2.27	2.22
27	4.21	3.35	2.96	2.73	2.57	2.46	2.37	2.31	2.25	2.20
28	4.20	3.34	2.95	2.71	2.56	2.45	2.36	2.29	2.24	2.19
29	4.18	3.33	2.93	2.70	2.55	2.43	2.35	2.28	2.22	2.18
30	4.17	3.32	2.92	2.69	2.53	2.42	2.33	2.27	2.21	2.16
31	4.16	3.30	2.91	2.68	2.52	2.41	2.32	2.25	2.20	2.15
32	4.15	3.29	2.90	2.67	2.51	2.40	2.31	2.24	2.19	2.14
33	4.14	3.28	2.89	2.66	2.50	2.39	2.30	2.23	2.18	2.13
34	4.13	3.28	2.88	2.65	2.49	2.38	2.29	2.23	2.17	2.12
35	4.12	3.27	2.87	2.64	2.49	2.37	2.29	2.22	2.16	2.11
36	4.11	3.26	2.87	2.63	2.48	2.36	2.28	2.21	2.15	2.11
37	4.11	3.25	2.86	2.63	2.47	2.36	2.27	2.20	2.14	2.10
38	4.10	3.24	2.85	2.62	2.46	2.35	2.26	2.19	2.14	2.09
39	4.09	3.24	2.85	2.61	2.46	2.34	2.26	2.19	2.13	2.08
40	4.08	3.23	2.84	2.61	2.45	2.34	2.25	2.18	2.12	2.08
41	4.08	3.23	2.83	2.60	2.44	2.33	2.24	2.17	2.12	2.07
42	4.07	3.22	2.83	2.59	2.44	2.32	2.24	2.17	2.11	2.06
43	4.07	3.21	2.82	2.59	2.43	2.32	2.23	2.16	2.11	2.06
44	4.06	3.21	2.82	2.58	2.43	2.31	2.23	2.16	2.10	2.05
45	4.06	3.20	2.81	2.58	2.42	2.31	2.22	2.15	2.10	2.05

$n=$	$m=1$	2	3	4	5	6	7	8	9	10
46	4.05	3.20	2.81	2.57	2.42	2.30	2.22	2.15	2.09	2.04
47	4.05	3.20	2.80	2.57	2.41	2.30	2.21	2.14	2.09	2.04
48	4.04	3.19	2.80	2.57	2.41	2.29	2.21	2.14	2.08	2.03
49	4.04	3.19	2.79	2.56	2.40	2.29	2.20	2.13	2.08	2.03
50	4.03	3.18	2.79	2.56	2.40	2.29	2.20	2.13	2.07	2.03
51	4.03	3.18	2.79	2.55	2.40	2.28	2.20	2.13	2.07	2.02
52	4.03	3.18	2.78	2.55	2.39	2.28	2.19	2.12	2.07	2.02
53	4.02	3.17	2.78	2.55	2.39	2.28	2.19	2.12	2.06	2.01
54	4.02	3.17	2.78	2.54	2.39	2.27	2.18	2.12	2.06	2.01
55	4.02	3.16	2.77	2.54	2.38	2.27	2.18	2.11	2.06	2.01
56	4.01	3.16	2.77	2.54	2.38	2.27	2.18	2.11	2.05	2.00
57	4.01	3.16	2.77	2.53	2.38	2.26	2.18	2.11	2.05	2.00
58	4.01	3.16	2.76	2.53	2.37	2.26	2.17	2.10	2.05	2.00
59	4.00	3.15	2.76	2.53	2.37	2.26	2.17	2.10	2.04	2.00
60	4.00	3.15	2.76	2.53	2.37	2.25	2.17	2.10	2.04	1.99
61	4.00	3.15	2.76	2.52	2.37	2.25	2.16	2.09	2.04	1.99
62	4.00	3.15	2.75	2.52	2.36	2.25	2.16	2.09	2.03	1.99
63	3.99	3.14	2.75	2.52	2.36	2.25	2.16	2.09	2.03	1.98
64	3.99	3.14	2.75	2.52	2.36	2.24	2.16	2.09	2.03	1.98
65	3.99	3.14	2.75	2.51	2.36	2.24	2.15	2.08	2.03	1.98
66	3.99	3.14	2.74	2.51	2.35	2.24	2.15	2.08	2.03	1.98
67	3.98	3.13	2.74	2.51	2.35	2.24	2.15	2.08	2.02	1.98
68	3.98	3.13	2.74	2.51	2.35	2.24	2.15	2.08	2.02	1.97
69	3.98	3.13	2.74	2.50	2.35	2.23	2.15	2.08	2.02	1.97
70	3.98	3.13	2.74	2.50	2.35	2.23	2.14	2.07	2.02	1.97
71	3.98	3.13	2.73	2.50	2.34	2.23	2.14	2.07	2.01	1.97
72	3.97	3.12	2.73	2.50	2.34	2.23	2.14	2.07	2.01	1.96
74	3.97	3.12	2.73	2.50	2.34	2.22	2.14	2.07	2.01	1.96
75	3.97	3.12	2.73	2.49	2.34	2.22	2.13	2.06	2.01	1.96
76	3.97	3.12	2.72	2.49	2.33	2.22	2.13	2.06	2.01	1.96
77	3.97	3.12	2.72	2.49	2.33	2.22	2.13	2.06	2.00	1.96
78	3.96	3.11	2.72	2.49	2.33	2.22	2.13	2.06	2.00	1.95
80	3.96	3.11	2.72	2.49	2.33	2.21	2.13	2.06	2.00	1.95
81	3.96	3.11	2.72	2.48	2.33	2.21	2.12	2.05	2.00	1.95
83	3.96	3.11	2.71	2.48	2.32	2.21	2.12	2.05	1.99	1.95
84	3.95	3.11	2.71	2.48	2.32	2.21	2.12	2.05	1.99	1.95
85	3.95	3.10	2.71	2.48	2.32	2.21	2.12	2.05	1.99	1.94
87	3.95	3.10	2.71	2.48	2.32	2.20	2.12	2.05	1.99	1.94
89	3.95	3.10	2.71	2.47	2.32	2.20	2.11	2.04	1.99	1.94
91	3.95	3.10	2.70	2.47	2.31	2.20	2.11	2.04	1.98	1.94
92	3.94	3.10	2.70	2.47	2.31	2.20	2.11	2.04	1.98	1.94
93	3.94	3.09	2.70	2.47	2.31	2.20	2.11	2.04	1.98	1.93
96	3.94	3.09	2.70	2.47	2.31	2.19	2.11	2.04	1.98	1.93
98	3.94	3.09	2.70	2.46	2.31	2.19	2.10	2.03	1.98	1.93
100	3.94	3.09	2.70	2.46	2.31	2.19	2.10	2.03	1.97	1.93
101	3.94	3.09	2.69	2.46	2.30	2.19	2.10	2.03	1.97	1.93
102	3.93	3.09	2.69	2.46	2.30	2.19	2.10	2.03	1.97	1.92
103	3.93	3.08	2.69	2.46	2.30	2.19	2.10	2.03	1.97	1.92
107	3.93	3.08	2.69	2.46	2.30	2.18	2.10	2.03	1.97	1.92
109	3.93	3.08	2.69	2.45	2.30	2.18	2.09	2.02	1.97	1.92
112	3.93	3.08	2.69	2.45	2.30	2.18	2.09	2.02	1.96	1.92
113	3.93	3.08	2.68	2.45	2.29	2.18	2.09	2.02	1.96	1.92
114	3.92	3.08	2.68	2.45	2.29	2.18	2.09	2.02	1.96	1.91
116	3.92	3.07	2.68	2.45	2.29	2.18	2.09	2.02	1.96	1.91
121	3.92	3.07	2.68	2.45	2.29	2.17	2.09	2.02	1.96	1.91
123	3.92	3.07	2.68	2.45	2.29	2.17	2.08	2.01	1.96	1.91
124	3.92	3.07	2.68	2.44	2.29	2.17	2.08	2.01	1.96	1.91
126	3.92	3.07	2.68	2.44	2.29	2.17	2.08	2.01	1.95	1.91
129	3.91	3.07	2.67	2.44	2.28	2.17	2.08	2.01	1.95	1.90
132	3.91	3.06	2.67	2.44	2.28	2.17	2.08	2.01	1.95	1.90
138	3.91	3.06	2.67	2.44	2.28	2.16	2.08	2.01	1.95	1.90
141	3.91	3.06	2.67	2.44	2.28	2.16	2.08	2.00	1.95	1.90
142	3.91	3.06	2.67	2.44	2.28	2.16	2.07	2.00	1.95	1.90
143	3.91	3.06	2.67	2.43	2.28	2.16	2.07	2.00	1.95	1.90
145	3.91	3.06	2.67	2.43	2.28	2.16	2.07	2.00	1.94	1.90
149	3.90	3.06	2.67	2.43	2.27	2.16	2.07	2.00	1.94	1.89
150	3.90	3.06	2.66	2.43	2.27	2.16	2.07	2.00	1.94	1.89
154	3.90	3.05	2.66	2.43	2.27	2.16	2.07	2.00	1.94	1.89
162	3.90	3.05	2.66	2.43	2.27	2.15	2.07	2.00	1.94	1.89
165	3.90	3.05	2.66	2.43	2.27	2.15	2.07	1.99	1.94	1.89

$n =$	$m =1$	2	3	4	5	6	7	8	9	10
167	3.90	3.05	2.66	2.43	2.27	2.15	2.06	1.99	1.94	1.89
170	3.90	3.05	2.66	2.42	2.27	2.15	2.06	1.99	1.94	1.89
171	3.90	3.05	2.66	2.42	2.27	2.15	2.06	1.99	1.93	1.89
176	3.89	3.05	2.66	2.42	2.27	2.15	2.06	1.99	1.93	1.88
178	3.89	3.05	2.66	2.42	2.26	2.15	2.06	1.99	1.93	1.88
180	3.89	3.05	2.65	2.42	2.26	2.15	2.06	1.99	1.93	1.88
185	3.89	3.04	2.65	2.42	2.26	2.15	2.06	1.99	1.93	1.88
197	3.89	3.04	2.65	2.42	2.26	2.14	2.06	1.99	1.93	1.88
200	3.89	3.04	2.65	2.42	2.26	2.14	2.06	1.98	1.93	1.88
203	3.89	3.04	2.65	2.42	2.26	2.14	2.05	1.98	1.93	1.88
209	3.89	3.04	2.65	2.41	2.26	2.14	2.05	1.98	1.92	1.88
215	3.89	3.04	2.65	2.41	2.26	2.14	2.05	1.98	1.92	1.87
216	3.88	3.04	2.65	2.41	2.26	2.14	2.05	1.98	1.92	1.87
221	3.88	3.04	2.65	2.41	2.25	2.14	2.05	1.98	1.92	1.87
224	3.88	3.04	2.64	2.41	2.25	2.14	2.05	1.98	1.92	1.87
231	3.88	3.03	2.64	2.41	2.25	2.14	2.05	1.98	1.92	1.87
250	3.88	3.03	2.64	2.41	2.25	2.13	2.05	1.98	1.92	1.87
254	3.88	3.03	2.64	2.41	2.25	2.13	2.05	1.97	1.92	1.87
260	3.88	3.03	2.64	2.41	2.25	2.13	2.04	1.97	1.92	1.87
268	3.88	3.03	2.64	2.41	2.25	2.13	2.04	1.97	1.91	1.87
271	3.88	3.03	2.64	2.40	2.25	2.13	2.04	1.97	1.91	1.87
277	3.88	3.03	2.64	2.40	2.25	2.13	2.04	1.97	1.91	1.86
280	3.87	3.03	2.64	2.40	2.25	2.13	2.04	1.97	1.91	1.86
292	3.87	3.03	2.64	2.40	2.24	2.13	2.04	1.97	1.91	1.86
298	3.87	3.03	2.63	2.40	2.24	2.13	2.04	1.97	1.91	1.86
309	3.87	3.02	2.63	2.40	2.24	2.13	2.04	1.97	1.91	1.86
344	3.87	3.02	2.63	2.40	2.24	2.12	2.04	1.97	1.91	1.86
349	3.87	3.02	2.63	2.40	2.24	2.12	2.04	1.96	1.91	1.86
361	3.87	3.02	2.63	2.40	2.24	2.12	2.03	1.96	1.91	1.86
374	3.87	3.02	2.63	2.40	2.24	2.12	2.03	1.96	1.90	1.86
388	3.87	3.02	2.63	2.39	2.24	2.12	2.03	1.96	1.90	1.86
391	3.87	3.02	2.63	2.39	2.24	2.12	2.03	1.96	1.90	1.85
397	3.86	3.02	2.63	2.39	2.24	2.12	2.03	1.96	1.90	1.85
430	3.86	3.02	2.63	2.39	2.23	2.12	2.03	1.96	1.90	1.85
444	3.86	3.02	2.62	2.39	2.23	2.12	2.03	1.96	1.90	1.85
468	3.86	3.01	2.62	2.39	2.23	2.12	2.03	1.96	1.90	1.85

$n =$	$m =11$	12	13	14	15	16	17	18	19	20
1	243.0	243.9	244.7	245.4	246.0	246.4	246.9	247.3	247.7	248
2	19.40	19.41	19.42	19.42	19.43	19.43	19.44	19.44	19.44	19.45
3	8.76	8.74	8.73	8.71	8.70	8.69	8.68	8.67	8.67	8.66
4	5.94	5.91	5.89	5.87	5.86	5.84	5.83	5.82	5.81	5.80
5	4.70	4.68	4.66	4.64	4.62	4.60	4.59	4.58	4.57	4.56
6	4.03	4.00	3.98	3.96	3.94	3.92	3.91	3.90	3.88	3.87
7	3.60	3.57	3.55	3.53	3.51	3.49	3.48	3.47	3.46	3.44
8	3.31	3.28	3.26	3.24	3.22	3.20	3.19	3.17	3.16	3.15
9	3.10	3.07	3.05	3.03	3.01	2.99	2.97	2.96	2.95	2.94
10	2.94	2.91	2.89	2.86	2.85	2.83	2.81	2.80	2.79	2.77
11	2.82	2.79	2.76	2.74	2.72	2.70	2.69	2.67	2.66	2.65
12	2.72	2.69	2.66	2.64	2.62	2.60	2.58	2.57	2.56	2.54
13	2.63	2.60	2.58	2.55	2.53	2.51	2.50	2.48	2.47	2.46
14	2.57	2.53	2.51	2.48	2.46	2.44	2.43	2.41	2.40	2.39
15	2.51	2.48	2.45	2.42	2.40	2.38	2.37	2.35	2.34	2.33
16	2.46	2.42	2.40	2.37	2.35	2.33	2.32	2.30	2.29	2.28
17	2.41	2.38	2.35	2.33	2.31	2.29	2.27	2.26	2.24	2.23
18	2.37	2.34	2.31	2.29	2.27	2.25	2.23	2.22	2.20	2.19
19	2.34	2.31	2.28	2.26	2.23	2.21	2.20	2.18	2.17	2.16
20	2.31	2.28	2.25	2.22	2.20	2.18	2.17	2.15	2.14	2.12
21	2.28	2.25	2.22	2.20	2.18	2.16	2.14	2.12	2.11	2.10
22	2.26	2.23	2.20	2.17	2.15	2.13	2.11	2.10	2.08	2.07
23	2.24	2.20	2.18	2.15	2.13	2.11	2.09	2.08	2.06	2.05
24	2.22	2.18	2.15	2.13	2.11	2.09	2.07	2.05	2.04	2.03
25	2.20	2.16	2.14	2.11	2.09	2.07	2.05	2.04	2.02	2.01
26	2.18	2.15	2.12	2.09	2.07	2.05	2.03	2.02	2.00	1.99
27	2.17	2.13	2.10	2.08	2.06	2.04	2.02	2.00	1.99	1.97
28	2.15	2.12	2.09	2.06	2.04	2.02	2.00	1.99	1.97	1.96
29	2.14	2.10	2.08	2.05	2.03	2.01	1.99	1.97	1.96	1.94
30	2.13	2.09	2.06	2.04	2.01	1.99	1.98	1.96	1.95	1.93
31	2.11	2.08	2.05	2.03	2.00	1.98	1.96	1.95	1.93	1.92
32	2.10	2.07	2.04	2.01	1.99	1.97	1.95	1.94	1.92	1.91

$n=$	$m=$11	12	13	14	15	16	17	18	19	20
33	2.09	2.06	2.03	2.00	1.98	1.96	1.94	1.93	1.91	1.90
34	2.08	2.05	2.02	1.99	1.97	1.95	1.93	1.92	1.90	1.89
35	2.07	2.04	2.01	1.99	1.96	1.94	1.92	1.91	1.89	1.88
36	2.07	2.03	2.00	1.98	1.95	1.93	1.92	1.90	1.88	1.87
37	2.06	2.02	2.00	1.97	1.95	1.93	1.91	1.89	1.88	1.86
38	2.05	2.02	1.99	1.96	1.94	1.92	1.90	1.88	1.87	1.85
39	2.04	2.01	1.98	1.95	1.93	1.91	1.89	1.88	1.86	1.85
40	2.04	2.00	1.97	1.95	1.92	1.90	1.89	1.87	1.85	1.84
41	2.03	2.00	1.97	1.94	1.92	1.90	1.88	1.86	1.85	1.83
42	2.03	1.99	1.96	1.94	1.91	1.89	1.87	1.86	1.84	1.83
43	2.02	1.99	1.96	1.93	1.91	1.89	1.87	1.85	1.83	1.82
44	2.01	1.98	1.95	1.92	1.90	1.88	1.86	1.84	1.83	1.81
45	2.01	1.97	1.94	1.92	1.89	1.87	1.86	1.84	1.82	1.81
46	2.00	1.97	1.94	1.91	1.89	1.87	1.85	1.83	1.82	1.80
47	2.00	1.96	1.93	1.91	1.88	1.86	1.84	1.83	1.81	1.80
48	1.99	1.96	1.93	1.90	1.88	1.86	1.84	1.82	1.81	1.79
49	1.99	1.96	1.93	1.90	1.88	1.85	1.84	1.82	1.80	1.79
50	1.99	1.95	1.92	1.89	1.87	1.85	1.83	1.81	1.80	1.78
51	1.98	1.95	1.92	1.89	1.87	1.85	1.83	1.81	1.79	1.78
52	1.98	1.94	1.91	1.89	1.86	1.84	1.82	1.81	1.79	1.78
53	1.97	1.94	1.91	1.88	1.86	1.84	1.82	1.80	1.79	1.77
54	1.97	1.94	1.91	1.88	1.86	1.83	1.82	1.80	1.78	1.77
55	1.97	1.93	1.90	1.88	1.85	1.83	1.81	1.79	1.78	1.76
56	1.96	1.93	1.90	1.87	1.85	1.83	1.81	1.79	1.78	1.76
57	1.96	1.93	1.90	1.87	1.85	1.82	1.81	1.79	1.77	1.76
58	1.96	1.92	1.89	1.87	1.84	1.82	1.80	1.78	1.77	1.75
59	1.96	1.92	1.89	1.86	1.84	1.82	1.80	1.78	1.77	1.75
60	1.95	1.92	1.89	1.86	1.84	1.82	1.80	1.78	1.76	1.75
61	1.95	1.91	1.88	1.86	1.83	1.81	1.79	1.78	1.76	1.75
62	1.95	1.91	1.88	1.85	1.83	1.81	1.79	1.77	1.76	1.74
63	1.94	1.91	1.88	1.85	1.83	1.81	1.79	1.77	1.75	1.74
64	1.94	1.91	1.88	1.85	1.83	1.80	1.78	1.77	1.75	1.74
65	1.94	1.90	1.87	1.85	1.82	1.80	1.78	1.76	1.75	1.73
66	1.94	1.90	1.87	1.84	1.82	1.80	1.78	1.76	1.75	1.73
67	1.93	1.90	1.87	1.84	1.82	1.80	1.78	1.76	1.74	1.73
68	1.93	1.90	1.87	1.84	1.82	1.79	1.78	1.76	1.74	1.73
69	1.93	1.90	1.86	1.84	1.81	1.79	1.77	1.76	1.74	1.72
70	1.93	1.89	1.86	1.84	1.81	1.79	1.77	1.75	1.74	1.72
71	1.93	1.89	1.86	1.83	1.81	1.79	1.77	1.75	1.73	1.72
72	1.92	1.89	1.86	1.83	1.81	1.79	1.77	1.75	1.73	1.72
73	1.92	1.89	1.86	1.83	1.81	1.78	1.76	1.75	1.73	1.72
74	1.92	1.89	1.85	1.83	1.80	1.78	1.76	1.74	1.73	1.71
75	1.92	1.88	1.85	1.83	1.80	1.78	1.76	1.74	1.73	1.71
76	1.92	1.88	1.85	1.82	1.80	1.78	1.76	1.74	1.73	1.71
77	1.92	1.88	1.85	1.82	1.80	1.78	1.76	1.74	1.72	1.71
78	1.91	1.88	1.85	1.82	1.80	1.77	1.76	1.74	1.72	1.71
79	1.91	1.88	1.85	1.82	1.79	1.77	1.75	1.74	1.72	1.70
80	1.91	1.88	1.84	1.82	1.79	1.77	1.75	1.73	1.72	1.70
81	1.91	1.87	1.84	1.82	1.79	1.77	1.75	1.73	1.72	1.70
82	1.91	1.87	1.84	1.81	1.79	1.77	1.75	1.73	1.71	1.70
84	1.90	1.87	1.84	1.81	1.79	1.77	1.75	1.73	1.71	1.70
85	1.90	1.87	1.84	1.81	1.79	1.76	1.74	1.73	1.71	1.70
86	1.90	1.87	1.84	1.81	1.78	1.76	1.74	1.73	1.71	1.69
87	1.90	1.87	1.83	1.81	1.78	1.76	1.74	1.72	1.71	1.69
88	1.90	1.86	1.83	1.81	1.78	1.76	1.74	1.72	1.71	1.69
89	1.90	1.86	1.83	1.80	1.78	1.76	1.74	1.72	1.70	1.69
92	1.89	1.86	1.83	1.80	1.78	1.75	1.73	1.72	1.70	1.69
93	1.89	1.86	1.83	1.80	1.78	1.75	1.73	1.72	1.70	1.68
94	1.89	1.86	1.83	1.80	1.77	1.75	1.73	1.71	1.70	1.68
95	1.89	1.86	1.82	1.80	1.77	1.75	1.73	1.71	1.70	1.68
96	1.89	1.85	1.82	1.80	1.77	1.75	1.73	1.71	1.70	1.68
97	1.89	1.85	1.82	1.80	1.77	1.75	1.73	1.71	1.69	1.68
98	1.89	1.85	1.82	1.79	1.77	1.75	1.73	1.71	1.69	1.68
101	1.88	1.85	1.82	1.79	1.77	1.74	1.72	1.71	1.69	1.68
102	1.88	1.85	1.82	1.79	1.77	1.74	1.72	1.71	1.69	1.67
103	1.88	1.85	1.82	1.79	1.76	1.74	1.72	1.70	1.69	1.67
105	1.88	1.85	1.81	1.79	1.76	1.74	1.72	1.70	1.69	1.67
106	1.88	1.84	1.81	1.79	1.76	1.74	1.72	1.70	1.69	1.67
107	1.88	1.84	1.81	1.79	1.76	1.74	1.72	1.70	1.68	1.67
108	1.88	1.84	1.81	1.78	1.76	1.74	1.72	1.70	1.68	1.67

$n =$	$m = 11$	12	13	14	15	16	17	18	19	20
112	1.88	1.84	1.81	1.78	1.76	1.73	1.71	1.70	1.68	1.67
113	1.87	1.84	1.81	1.78	1.76	1.73	1.71	1.70	1.68	1.66
114	1.87	1.84	1.81	1.78	1.75	1.73	1.71	1.70	1.68	1.66
115	1.87	1.84	1.81	1.78	1.75	1.73	1.71	1.69	1.68	1.66
117	1.87	1.84	1.80	1.78	1.75	1.73	1.71	1.69	1.68	1.66
119	1.87	1.83	1.80	1.78	1.75	1.73	1.71	1.69	1.67	1.66
121	1.87	1.83	1.80	1.77	1.75	1.73	1.71	1.69	1.67	1.66
126	1.87	1.83	1.80	1.77	1.75	1.72	1.70	1.69	1.67	1.65
127	1.86	1.83	1.80	1.77	1.75	1.72	1.70	1.69	1.67	1.65
128	1.86	1.83	1.80	1.77	1.75	1.72	1.70	1.68	1.67	1.65
129	1.86	1.83	1.80	1.77	1.74	1.72	1.70	1.68	1.67	1.65
132	1.86	1.83	1.79	1.77	1.74	1.72	1.70	1.68	1.67	1.65
134	1.86	1.83	1.79	1.77	1.74	1.72	1.70	1.68	1.66	1.65
135	1.86	1.82	1.79	1.77	1.74	1.72	1.70	1.68	1.66	1.65
137	1.86	1.82	1.79	1.76	1.74	1.72	1.70	1.68	1.66	1.65
142	1.86	1.82	1.79	1.76	1.74	1.72	1.70	1.68	1.66	1.64
143	1.86	1.82	1.79	1.76	1.74	1.71	1.69	1.68	1.66	1.64
146	1.85	1.82	1.79	1.76	1.74	1.71	1.69	1.67	1.66	1.64
147	1.85	1.82	1.79	1.76	1.73	1.71	1.69	1.67	1.66	1.64
153	1.85	1.82	1.78	1.76	1.73	1.71	1.69	1.67	1.65	1.64
156	1.85	1.81	1.78	1.76	1.73	1.71	1.69	1.67	1.65	1.64
158	1.85	1.81	1.78	1.75	1.73	1.71	1.69	1.67	1.65	1.64
164	1.85	1.81	1.78	1.75	1.73	1.71	1.69	1.67	1.65	1.63
166	1.85	1.81	1.78	1.75	1.73	1.70	1.68	1.67	1.65	1.63
170	1.85	1.81	1.78	1.75	1.73	1.70	1.68	1.66	1.65	1.63
172	1.84	1.81	1.78	1.75	1.72	1.70	1.68	1.66	1.65	1.63
179	1.84	1.81	1.78	1.75	1.72	1.70	1.68	1.66	1.64	1.63
180	1.84	1.81	1.77	1.75	1.72	1.70	1.68	1.66	1.64	1.63
185	1.84	1.80	1.77	1.75	1.72	1.70	1.68	1.66	1.64	1.63
187	1.84	1.80	1.77	1.74	1.72	1.70	1.68	1.66	1.64	1.63
194	1.84	1.80	1.77	1.74	1.72	1.70	1.68	1.66	1.64	1.62
197	1.84	1.80	1.77	1.74	1.72	1.70	1.67	1.66	1.64	1.62
198	1.84	1.80	1.77	1.74	1.72	1.69	1.67	1.66	1.64	1.62
203	1.84	1.80	1.77	1.74	1.72	1.69	1.67	1.65	1.64	1.62
207	1.84	1.80	1.77	1.74	1.71	1.69	1.67	1.65	1.64	1.62
208	1.83	1.80	1.77	1.74	1.71	1.69	1.67	1.65	1.64	1.62
216	1.83	1.80	1.77	1.74	1.71	1.69	1.67	1.65	1.63	1.62
220	1.83	1.80	1.76	1.74	1.71	1.69	1.67	1.65	1.63	1.62
228	1.83	1.79	1.76	1.74	1.71	1.69	1.67	1.65	1.63	1.62
230	1.83	1.79	1.76	1.73	1.71	1.69	1.67	1.65	1.63	1.62
238	1.83	1.79	1.76	1.73	1.71	1.69	1.67	1.65	1.63	1.61
243	1.83	1.79	1.76	1.73	1.71	1.69	1.66	1.65	1.63	1.61
245	1.83	1.79	1.76	1.73	1.71	1.68	1.66	1.65	1.63	1.61
252	1.83	1.79	1.76	1.73	1.71	1.68	1.66	1.64	1.63	1.61
260	1.83	1.79	1.76	1.73	1.70	1.68	1.66	1.64	1.63	1.61
265	1.82	1.79	1.76	1.73	1.70	1.68	1.66	1.64	1.63	1.61
272	1.82	1.79	1.76	1.73	1.70	1.68	1.66	1.64	1.62	1.61
282	1.82	1.79	1.75	1.73	1.70	1.68	1.66	1.64	1.62	1.61
296	1.82	1.78	1.75	1.73	1.70	1.68	1.66	1.64	1.62	1.61
299	1.82	1.78	1.75	1.72	1.70	1.68	1.66	1.64	1.62	1.61
306	1.82	1.78	1.75	1.72	1.70	1.68	1.66	1.64	1.62	1.60
318	1.82	1.78	1.75	1.72	1.70	1.68	1.65	1.64	1.62	1.60
322	1.82	1.78	1.75	1.72	1.70	1.67	1.65	1.64	1.62	1.60
333	1.82	1.78	1.75	1.72	1.70	1.67	1.65	1.63	1.62	1.60
351	1.82	1.78	1.75	1.72	1.69	1.67	1.65	1.63	1.62	1.60
364	1.81	1.78	1.75	1.72	1.69	1.67	1.65	1.63	1.62	1.60
367	1.81	1.78	1.75	1.72	1.69	1.67	1.65	1.63	1.61	1.60
395	1.81	1.78	1.74	1.72	1.69	1.67	1.65	1.63	1.61	1.60
425	1.81	1.77	1.74	1.72	1.69	1.67	1.65	1.63	1.61	1.60
427	1.81	1.77	1.74	1.71	1.69	1.67	1.65	1.63	1.61	1.60
431	1.81	1.77	1.74	1.71	1.69	1.67	1.65	1.63	1.61	1.59
461	1.81	1.77	1.74	1.71	1.69	1.67	1.64	1.63	1.61	1.59
472	1.81	1.77	1.74	1.71	1.69	1.66	1.64	1.63	1.61	1.59
489	1.81	1.77	1.74	1.71	1.69	1.66	1.64	1.62	1.61	1.59

Quantile für $\alpha = 0,99$

$n =$	$m = 1$	2	3	4	5	6	7	8	9	10
1	4052	5000	5403	5625	5764	5859	5928	5981	6022	6056
2	98.50	99.00	99.17	99.25	99.30	99.33	99.36	99.37	99.39	99.40

Statistik

$n =$	$m = 1$	2	3	4	5	6	7	8	9	10
3	34.12	30.82	29.46	28.71	28.24	27.91	27.67	27.49	27.35	27.23
4	21.20	18.00	16.69	15.98	15.52	15.21	14.98	14.80	14.66	14.55
5	16.26	13.27	12.06	11.39	10.97	10.67	10.46	10.29	10.16	10.05
6	13.75	10.92	9.78	9.15	8.75	8.47	8.26	8.10	7.98	7.87
7	12.25	9.55	8.45	7.85	7.46	7.19	6.99	6.84	6.72	6.62
8	11.26	8.65	7.59	7.01	6.63	6.37	6.18	6.03	5.91	5.81
9	10.56	8.02	6.99	6.42	6.06	5.80	5.61	5.47	5.35	5.26
10	10.04	7.56	6.55	5.99	5.64	5.39	5.20	5.06	4.94	4.85
11	9.65	7.21	6.22	5.67	5.32	5.07	4.89	4.74	4.63	4.54
12	9.33	6.93	5.95	5.41	5.06	4.82	4.64	4.50	4.39	4.30
13	9.07	6.70	5.74	5.21	4.86	4.62	4.44	4.30	4.19	4.10
14	8.86	6.51	5.56	5.04	4.69	4.46	4.28	4.14	4.03	3.94
15	8.68	6.36	5.42	4.89	4.56	4.32	4.14	4.00	3.89	3.80
16	8.53	6.23	5.29	4.77	4.44	4.20	4.03	3.89	3.78	3.69
17	8.40	6.11	5.18	4.67	4.34	4.10	3.93	3.79	3.68	3.59
18	8.29	6.01	5.09	4.58	4.25	4.01	3.84	3.71	3.60	3.51
19	8.18	5.93	5.01	4.50	4.17	3.94	3.77	3.63	3.52	3.43
20	8.10	5.85	4.94	4.43	4.10	3.87	3.70	3.56	3.46	3.37
21	8.02	5.78	4.87	4.37	4.04	3.81	3.64	3.51	3.40	3.31
22	7.95	5.72	4.82	4.31	3.99	3.76	3.59	3.45	3.35	3.26
23	7.88	5.66	4.76	4.26	3.94	3.71	3.54	3.41	3.30	3.21
24	7.82	5.61	4.72	4.22	3.90	3.67	3.50	3.36	3.26	3.17
25	7.77	5.57	4.68	4.18	3.85	3.63	3.46	3.32	3.22	3.13
26	7.72	5.53	4.64	4.14	3.82	3.59	3.42	3.29	3.18	3.09
27	7.68	5.49	4.60	4.11	3.78	3.56	3.39	3.26	3.15	3.06
28	7.64	5.45	4.57	4.07	3.75	3.53	3.36	3.23	3.12	3.03
29	7.60	5.42	4.54	4.04	3.73	3.50	3.33	3.20	3.09	3.00
30	7.56	5.39	4.51	4.02	3.70	3.47	3.30	3.17	3.07	2.98
31	7.53	5.36	4.48	3.99	3.67	3.45	3.28	3.15	3.04	2.96
32	7.50	5.34	4.46	3.97	3.65	3.43	3.26	3.13	3.02	2.93
33	7.47	5.31	4.44	3.95	3.63	3.41	3.24	3.11	3.00	2.91
34	7.44	5.29	4.42	3.93	3.61	3.39	3.22	3.09	2.98	2.89
35	7.42	5.27	4.40	3.91	3.59	3.37	3.20	3.07	2.96	2.88
36	7.40	5.25	4.38	3.89	3.57	3.35	3.18	3.05	2.95	2.86
37	7.37	5.23	4.36	3.87	3.56	3.33	3.17	3.04	2.93	2.84
38	7.35	5.21	4.34	3.86	3.54	3.32	3.15	3.02	2.92	2.83
39	7.33	5.19	4.33	3.84	3.53	3.30	3.14	3.01	2.90	2.81
40	7.31	5.18	4.31	3.83	3.51	3.29	3.12	2.99	2.89	2.80
41	7.30	5.16	4.30	3.81	3.50	3.28	3.11	2.98	2.87	2.79
42	7.28	5.15	4.29	3.80	3.49	3.27	3.10	2.97	2.86	2.78
43	7.26	5.14	4.27	3.79	3.48	3.25	3.09	2.96	2.85	2.76
44	7.25	5.12	4.26	3.78	3.47	3.24	3.08	2.95	2.84	2.75
45	7.23	5.11	4.25	3.77	3.45	3.23	3.07	2.94	2.83	2.74
46	7.22	5.10	4.24	3.76	3.44	3.22	3.06	2.93	2.82	2.73
47	7.21	5.09	4.23	3.75	3.43	3.21	3.05	2.92	2.81	2.72
48	7.19	5.08	4.22	3.74	3.43	3.20	3.04	2.91	2.80	2.71
49	7.18	5.07	4.21	3.73	3.42	3.19	3.03	2.90	2.79	2.71
50	7.17	5.06	4.20	3.72	3.41	3.19	3.02	2.89	2.78	2.70
51	7.16	5.05	4.19	3.71	3.40	3.18	3.01	2.88	2.78	2.69
52	7.15	5.04	4.18	3.70	3.39	3.17	3.00	2.87	2.77	2.68
53	7.14	5.03	4.17	3.70	3.38	3.16	3.00	2.87	2.76	2.68
54	7.13	5.02	4.17	3.69	3.38	3.16	2.99	2.86	2.76	2.67
55	7.12	5.01	4.16	3.68	3.37	3.15	2.98	2.85	2.75	2.66
56	7.11	5.01	4.15	3.67	3.36	3.14	2.98	2.85	2.74	2.66
57	7.10	5.00	4.15	3.67	3.36	3.14	2.97	2.84	2.74	2.65
58	7.09	4.99	4.14	3.66	3.35	3.13	2.96	2.83	2.73	2.64
59	7.08	4.98	4.13	3.65	3.34	3.12	2.96	2.83	2.72	2.64
60	7.08	4.98	4.13	3.65	3.34	3.12	2.95	2.82	2.72	2.63
61	7.07	4.97	4.12	3.64	3.33	3.11	2.95	2.82	2.71	2.63
62	7.06	4.96	4.11	3.64	3.33	3.11	2.94	2.81	2.71	2.62
63	7.06	4.96	4.11	3.63	3.32	3.10	2.94	2.81	2.70	2.62
64	7.05	4.95	4.10	3.63	3.32	3.10	2.93	2.80	2.70	2.61
65	7.04	4.95	4.10	3.62	3.31	3.09	2.93	2.80	2.69	2.61
66	7.04	4.94	4.09	3.62	3.31	3.09	2.92	2.79	2.69	2.60
67	7.03	4.94	4.09	3.61	3.30	3.08	2.92	2.79	2.68	2.60
68	7.02	4.93	4.08	3.61	3.30	3.08	2.91	2.78	2.68	2.59
69	7.02	4.93	4.08	3.60	3.29	3.08	2.91	2.78	2.68	2.59
70	7.01	4.92	4.07	3.60	3.29	3.07	2.91	2.78	2.67	2.59
71	7.01	4.92	4.07	3.60	3.29	3.07	2.90	2.77	2.67	2.58
72	7.00	4.91	4.07	3.59	3.28	3.06	2.90	2.77	2.66	2.58

$n =$	$m = 1$	2	3	4	5	6	7	8	9	10
73	7.00	4.91	4.06	3.59	3.28	3.06	2.89	2.77	2.66	2.57
74	6.99	4.90	4.06	3.58	3.28	3.06	2.89	2.76	2.66	2.57
75	6.99	4.90	4.05	3.58	3.27	3.05	2.89	2.76	2.65	2.57
76	6.98	4.90	4.05	3.58	3.27	3.05	2.88	2.75	2.65	2.56
77	6.98	4.89	4.05	3.57	3.26	3.05	2.88	2.75	2.65	2.56
78	6.97	4.89	4.04	3.57	3.26	3.04	2.88	2.75	2.64	2.56
79	6.97	4.88	4.04	3.57	3.26	3.04	2.87	2.75	2.64	2.55
80	6.96	4.88	4.04	3.56	3.26	3.04	2.87	2.74	2.64	2.55
81	6.96	4.88	4.03	3.56	3.25	3.03	2.87	2.74	2.63	2.55
82	6.95	4.87	4.03	3.56	3.25	3.03	2.87	2.74	2.63	2.54
83	6.95	4.87	4.03	3.55	3.25	3.03	2.86	2.73	2.63	2.54
84	6.95	4.87	4.02	3.55	3.24	3.02	2.86	2.73	2.63	2.54
85	6.94	4.86	4.02	3.55	3.24	3.02	2.86	2.73	2.62	2.54
86	6.94	4.86	4.02	3.55	3.24	3.02	2.85	2.73	2.62	2.53
87	6.94	4.86	4.02	3.54	3.24	3.02	2.85	2.72	2.62	2.53
88	6.93	4.85	4.01	3.54	3.23	3.01	2.85	2.72	2.62	2.53
89	6.93	4.85	4.01	3.54	3.23	3.01	2.85	2.72	2.61	2.53
90	6.93	4.85	4.01	3.53	3.23	3.01	2.84	2.72	2.61	2.52
91	6.92	4.85	4.00	3.53	3.23	3.01	2.84	2.71	2.61	2.52
92	6.92	4.84	4.00	3.53	3.22	3.00	2.84	2.71	2.61	2.52
93	6.92	4.84	4.00	3.53	3.22	3.00	2.84	2.71	2.60	2.52
94	6.91	4.84	4.00	3.53	3.22	3.00	2.84	2.71	2.60	2.52
95	6.91	4.84	3.99	3.52	3.22	3.00	2.83	2.70	2.60	2.51
96	6.91	4.83	3.99	3.52	3.21	3.00	2.83	2.70	2.60	2.51
97	6.90	4.83	3.99	3.52	3.21	2.99	2.83	2.70	2.60	2.51
98	6.90	4.83	3.99	3.52	3.21	2.99	2.83	2.70	2.59	2.51
99	6.90	4.83	3.99	3.51	3.21	2.99	2.83	2.70	2.59	2.51
100	6.90	4.82	3.98	3.51	3.21	2.99	2.82	2.69	2.59	2.50
101	6.89	4.82	3.98	3.51	3.20	2.99	2.82	2.69	2.59	2.50
102	6.89	4.82	3.98	3.51	3.20	2.98	2.82	2.69	2.59	2.50
103	6.89	4.82	3.98	3.51	3.20	2.98	2.82	2.69	2.58	2.50
105	6.88	4.81	3.97	3.50	3.20	2.98	2.81	2.69	2.58	2.49
106	6.88	4.81	3.97	3.50	3.19	2.98	2.81	2.68	2.58	2.49
108	6.88	4.81	3.97	3.50	3.19	2.97	2.81	2.68	2.58	2.49
109	6.87	4.81	3.97	3.50	3.19	2.97	2.81	2.68	2.57	2.49
110	6.87	4.80	3.96	3.49	3.19	2.97	2.81	2.68	2.57	2.49
111	6.87	4.80	3.96	3.49	3.19	2.97	2.80	2.68	2.57	2.48
112	6.87	4.80	3.96	3.49	3.19	2.97	2.80	2.67	2.57	2.48
113	6.86	4.80	3.96	3.49	3.18	2.97	2.80	2.67	2.57	2.48
114	6.86	4.80	3.96	3.49	3.18	2.96	2.80	2.67	2.57	2.48
115	6.86	4.79	3.96	3.49	3.18	2.96	2.80	2.67	2.57	2.48
116	6.86	4.79	3.96	3.49	3.18	2.96	2.80	2.67	2.56	2.48
117	6.86	4.79	3.95	3.48	3.18	2.96	2.80	2.67	2.56	2.48
118	6.85	4.79	3.95	3.48	3.18	2.96	2.79	2.67	2.56	2.47
119	6.85	4.79	3.95	3.48	3.17	2.96	2.79	2.66	2.56	2.47
121	6.85	4.78	3.95	3.48	3.17	2.95	2.79	2.66	2.56	2.47
123	6.85	4.78	3.94	3.48	3.17	2.95	2.79	2.66	2.55	2.47
124	6.84	4.78	3.94	3.47	3.17	2.95	2.79	2.66	2.55	2.47
126	6.84	4.78	3.94	3.47	3.17	2.95	2.78	2.66	2.55	2.46
127	6.84	4.78	3.94	3.47	3.16	2.95	2.78	2.65	2.55	2.46
128	6.84	4.77	3.94	3.47	3.16	2.95	2.78	2.65	2.55	2.46
129	6.84	4.77	3.94	3.47	3.16	2.94	2.78	2.65	2.55	2.46
130	6.83	4.77	3.94	3.47	3.16	2.94	2.78	2.65	2.55	2.46
131	6.83	4.77	3.93	3.47	3.16	2.94	2.78	2.65	2.55	2.46
132	6.83	4.77	3.93	3.46	3.16	2.94	2.78	2.65	2.54	2.46
135	6.83	4.77	3.93	3.46	3.16	2.94	2.77	2.65	2.54	2.45
136	6.82	4.76	3.93	3.46	3.15	2.94	2.77	2.64	2.54	2.45
139	6.82	4.76	3.93	3.46	3.15	2.93	2.77	2.64	2.54	2.45
140	6.82	4.76	3.92	3.46	3.15	2.93	2.77	2.64	2.54	2.45
142	6.82	4.76	3.92	3.45	3.15	2.93	2.77	2.64	2.53	2.45
144	6.81	4.76	3.92	3.45	3.15	2.93	2.77	2.64	2.53	2.45
145	6.81	4.75	3.92	3.45	3.15	2.93	2.76	2.64	2.53	2.45
146	6.81	4.75	3.92	3.45	3.15	2.93	2.76	2.64	2.53	2.44
147	6.81	4.75	3.92	3.45	3.14	2.93	2.76	2.63	2.53	2.44
150	6.81	4.75	3.91	3.45	3.14	2.92	2.76	2.63	2.53	2.44
152	6.80	4.75	3.91	3.45	3.14	2.92	2.76	2.63	2.53	2.44
153	6.80	4.75	3.91	3.44	3.14	2.92	2.76	2.63	2.53	2.44
154	6.80	4.75	3.91	3.44	3.14	2.92	2.76	2.63	2.52	2.44
155	6.80	4.74	3.91	3.44	3.14	2.92	2.76	2.63	2.52	2.44
158	6.80	4.74	3.91	3.44	3.14	2.92	2.75	2.63	2.52	2.43

Statistik

$n=$	$m=1$	2	3	4	5	6	7	8	9	10
159	6.80	4.74	3.91	3.44	3.13	2.92	2.75	2.62	2.52	2.43
161	6.79	4.74	3.91	3.44	3.13	2.92	2.75	2.62	2.52	2.43
162	6.79	4.74	3.90	3.44	3.13	2.92	2.75	2.62	2.52	2.43
163	6.79	4.74	3.90	3.44	3.13	2.91	2.75	2.62	2.52	2.43
165	6.79	4.74	3.90	3.43	3.13	2.91	2.75	2.62	2.52	2.43
167	6.79	4.73	3.90	3.43	3.13	2.91	2.75	2.62	2.52	2.43
168	6.79	4.73	3.90	3.43	3.13	2.91	2.75	2.62	2.51	2.43
172	6.78	4.73	3.90	3.43	3.13	2.91	2.74	2.62	2.51	2.43
173	6.78	4.73	3.90	3.43	3.12	2.91	2.74	2.62	2.51	2.42
174	6.78	4.73	3.90	3.43	3.12	2.91	2.74	2.61	2.51	2.42
176	6.78	4.73	3.89	3.43	3.12	2.91	2.74	2.61	2.51	2.42
178	6.78	4.73	3.89	3.43	3.12	2.90	2.74	2.61	2.51	2.42
181	6.78	4.72	3.89	3.42	3.12	2.90	2.74	2.61	2.51	2.42
184	6.77	4.72	3.89	3.42	3.12	2.90	2.74	2.61	2.51	2.42
185	6.77	4.72	3.89	3.42	3.12	2.90	2.74	2.61	2.50	2.42
190	6.77	4.72	3.89	3.42	3.11	2.90	2.73	2.61	2.50	2.42
191	6.77	4.72	3.89	3.42	3.11	2.90	2.73	2.61	2.50	2.41
193	6.77	4.72	3.88	3.42	3.11	2.90	2.73	2.60	2.50	2.41
197	6.77	4.71	3.88	3.42	3.11	2.89	2.73	2.60	2.50	2.41
198	6.76	4.71	3.88	3.42	3.11	2.89	2.73	2.60	2.50	2.41
199	6.76	4.71	3.88	3.41	3.11	2.89	2.73	2.60	2.50	2.41
205	6.76	4.71	3.88	3.41	3.11	2.89	2.73	2.60	2.49	2.41
211	6.76	4.71	3.88	3.41	3.11	2.89	2.72	2.60	2.49	2.41
212	6.76	4.71	3.88	3.41	3.10	2.89	2.72	2.60	2.49	2.41
213	6.76	4.71	3.87	3.41	3.10	2.89	2.72	2.60	2.49	2.41
214	6.75	4.71	3.87	3.41	3.10	2.89	2.72	2.60	2.49	2.40
215	6.75	4.71	3.87	3.41	3.10	2.89	2.72	2.59	2.49	2.40
216	6.75	4.70	3.87	3.41	3.10	2.89	2.72	2.59	2.49	2.40
220	6.75	4.70	3.87	3.41	3.10	2.88	2.72	2.59	2.49	2.40
222	6.75	4.70	3.87	3.40	3.10	2.88	2.72	2.59	2.49	2.40
231	6.75	4.70	3.87	3.40	3.10	2.88	2.72	2.59	2.48	2.40
233	6.74	4.70	3.87	3.40	3.10	2.88	2.72	2.59	2.48	2.40
238	6.74	4.70	3.86	3.40	3.09	2.88	2.72	2.59	2.48	2.40
239	6.74	4.70	3.86	3.40	3.09	2.88	2.71	2.59	2.48	2.40
240	6.74	4.69	3.86	3.40	3.09	2.88	2.71	2.59	2.48	2.40
242	6.74	4.69	3.86	3.40	3.09	2.88	2.71	2.59	2.48	2.39
244	6.74	4.69	3.86	3.40	3.09	2.88	2.71	2.58	2.48	2.39
250	6.74	4.69	3.86	3.40	3.09	2.87	2.71	2.58	2.48	2.39
251	6.74	4.69	3.86	3.39	3.09	2.87	2.71	2.58	2.48	2.39
256	6.73	4.69	3.86	3.39	3.09	2.87	2.71	2.58	2.48	2.39
265	6.73	4.69	3.86	3.39	3.09	2.87	2.71	2.58	2.47	2.39
269	6.73	4.68	3.86	3.39	3.09	2.87	2.71	2.58	2.47	2.39
270	6.73	4.68	3.85	3.39	3.09	2.87	2.71	2.58	2.47	2.39
273	6.73	4.68	3.85	3.39	3.08	2.87	2.71	2.58	2.47	2.39
275	6.73	4.68	3.85	3.39	3.08	2.87	2.70	2.58	2.47	2.39
279	6.73	4.68	3.85	3.39	3.08	2.87	2.70	2.58	2.47	2.38
281	6.73	4.68	3.85	3.39	3.08	2.87	2.70	2.57	2.47	2.38
284	6.72	4.68	3.85	3.39	3.08	2.87	2.70	2.57	2.47	2.38
288	6.72	4.68	3.85	3.38	3.08	2.87	2.70	2.57	2.47	2.38
289	6.72	4.68	3.85	3.38	3.08	2.86	2.70	2.57	2.47	2.38
307	6.72	4.67	3.85	3.38	3.08	2.86	2.70	2.57	2.47	2.38
310	6.72	4.67	3.85	3.38	3.08	2.86	2.70	2.57	2.46	2.38
312	6.72	4.67	3.84	3.38	3.08	2.86	2.70	2.57	2.46	2.38
319	6.71	4.67	3.84	3.38	3.08	2.86	2.70	2.57	2.46	2.38
320	6.71	4.67	3.84	3.38	3.07	2.86	2.70	2.57	2.46	2.38
323	6.71	4.67	3.84	3.38	3.07	2.86	2.69	2.57	2.46	2.38
330	6.71	4.67	3.84	3.38	3.07	2.86	2.69	2.57	2.46	2.37
333	6.71	4.67	3.84	3.38	3.07	2.86	2.69	2.56	2.46	2.37
339	6.71	4.67	3.84	3.37	3.07	2.86	2.69	2.56	2.46	2.37
342	6.71	4.67	3.84	3.37	3.07	2.85	2.69	2.56	2.46	2.37
358	6.71	4.66	3.84	3.37	3.07	2.85	2.69	2.56	2.46	2.37
365	6.70	4.66	3.84	3.37	3.07	2.85	2.69	2.56	2.46	2.37
370	6.70	4.66	3.83	3.37	3.07	2.85	2.69	2.56	2.46	2.37
374	6.70	4.66	3.83	3.37	3.07	2.85	2.69	2.56	2.45	2.37
386	6.70	4.66	3.83	3.37	3.06	2.85	2.69	2.56	2.45	2.37
393	6.70	4.66	3.83	3.37	3.06	2.85	2.68	2.56	2.45	2.37
404	6.70	4.66	3.83	3.37	3.06	2.85	2.68	2.56	2.45	2.36
408	6.70	4.66	3.83	3.37	3.06	2.85	2.68	2.55	2.45	2.36
412	6.70	4.66	3.83	3.36	3.06	2.85	2.68	2.55	2.45	2.36
421	6.70	4.66	3.83	3.36	3.06	2.84	2.68	2.55	2.45	2.36

$n=$	$m=1$	2	3	4	5	6	7	8	9	10
425	6.69	4.66	3.83	3.36	3.06	2.84	2.68	2.55	2.45	2.36
429	6.69	4.65	3.83	3.36	3.06	2.84	2.68	2.55	2.45	2.36
455	6.69	4.65	3.82	3.36	3.06	2.84	2.68	2.55	2.45	2.36
472	6.69	4.65	3.82	3.36	3.06	2.84	2.68	2.55	2.44	2.36
487	6.69	4.65	3.82	3.36	3.05	2.84	2.68	2.55	2.44	2.36

$n=$	$m=11$	12	13	14	15	16	17	18	19	20
1	6083	6106	6126	6143	6157	6170	6181	6192	6201	6209
2	99.41	99.42	99.42	99.43	99.43	99.44	99.44	99.44	99.45	99.45
3	27.13	27.05	26.98	26.92	26.87	26.83	26.79	26.75	26.72	26.69
4	14.45	14.37	14.31	14.25	14.20	14.15	14.11	14.08	14.05	14.02
5	9.96	9.89	9.82	9.77	9.72	9.68	9.64	9.61	9.58	9.55
6	7.79	7.72	7.66	7.60	7.56	7.52	7.48	7.45	7.42	7.40
7	6.54	6.47	6.41	6.36	6.31	6.28	6.24	6.21	6.18	6.16
8	5.73	5.67	5.61	5.56	5.52	5.48	5.44	5.41	5.38	5.36
9	5.18	5.11	5.05	5.01	4.96	4.92	4.89	4.86	4.83	4.81
10	4.77	4.71	4.65	4.60	4.56	4.52	4.49	4.46	4.43	4.41
11	4.46	4.40	4.34	4.29	4.25	4.21	4.18	4.15	4.12	4.10
12	4.22	4.16	4.10	4.05	4.01	3.97	3.94	3.91	3.88	3.86
13	4.02	3.96	3.91	3.86	3.82	3.78	3.75	3.72	3.69	3.66
14	3.86	3.80	3.75	3.70	3.66	3.62	3.59	3.56	3.53	3.51
15	3.73	3.67	3.61	3.56	3.52	3.49	3.45	3.42	3.40	3.37
16	3.62	3.55	3.50	3.45	3.41	3.37	3.34	3.31	3.28	3.26
17	3.52	3.46	3.40	3.35	3.31	3.27	3.24	3.21	3.19	3.16
18	3.43	3.37	3.32	3.27	3.23	3.19	3.16	3.13	3.10	3.08
19	3.36	3.30	3.24	3.19	3.15	3.12	3.08	3.05	3.03	3.00
20	3.29	3.23	3.18	3.13	3.09	3.05	3.02	2.99	2.96	2.94
21	3.24	3.17	3.12	3.07	3.03	2.99	2.96	2.93	2.90	2.88
22	3.18	3.12	3.07	3.02	2.98	2.94	2.91	2.88	2.85	2.83
23	3.14	3.07	3.02	2.97	2.93	2.89	2.86	2.83	2.80	2.78
24	3.09	3.03	2.98	2.93	2.89	2.85	2.82	2.79	2.76	2.74
25	3.06	2.99	2.94	2.89	2.85	2.81	2.78	2.75	2.72	2.70
26	3.02	2.96	2.90	2.86	2.81	2.78	2.75	2.72	2.69	2.66
27	2.99	2.93	2.87	2.82	2.78	2.75	2.71	2.68	2.66	2.63
28	2.96	2.90	2.84	2.79	2.75	2.72	2.68	2.65	2.63	2.60
29	2.93	2.87	2.81	2.77	2.73	2.69	2.66	2.63	2.60	2.57
30	2.91	2.84	2.79	2.74	2.70	2.66	2.63	2.60	2.57	2.55
31	2.88	2.82	2.77	2.72	2.68	2.64	2.61	2.58	2.55	2.52
32	2.86	2.80	2.74	2.70	2.65	2.62	2.58	2.55	2.53	2.50
33	2.84	2.78	2.72	2.68	2.63	2.60	2.56	2.53	2.51	2.48
34	2.82	2.76	2.70	2.66	2.61	2.58	2.54	2.51	2.49	2.46
35	2.80	2.74	2.69	2.64	2.60	2.56	2.53	2.50	2.47	2.44
36	2.79	2.72	2.67	2.62	2.58	2.54	2.51	2.48	2.45	2.43
37	2.77	2.71	2.65	2.61	2.56	2.53	2.49	2.46	2.44	2.41
38	2.75	2.69	2.64	2.59	2.55	2.51	2.48	2.45	2.42	2.40
39	2.74	2.68	2.62	2.58	2.54	2.50	2.46	2.43	2.41	2.38
40	2.73	2.66	2.61	2.56	2.52	2.48	2.45	2.42	2.39	2.37
41	2.71	2.65	2.60	2.55	2.51	2.47	2.44	2.41	2.38	2.36
42	2.70	2.64	2.59	2.54	2.50	2.46	2.43	2.40	2.37	2.34
43	2.69	2.63	2.57	2.53	2.49	2.45	2.41	2.38	2.36	2.33
44	2.68	2.62	2.56	2.52	2.47	2.44	2.40	2.37	2.35	2.32
45	2.67	2.61	2.55	2.51	2.46	2.43	2.39	2.36	2.34	2.31
46	2.66	2.60	2.54	2.50	2.45	2.42	2.38	2.35	2.33	2.30
47	2.65	2.59	2.53	2.49	2.44	2.41	2.37	2.34	2.32	2.29
48	2.64	2.58	2.53	2.48	2.44	2.40	2.37	2.33	2.31	2.28
49	2.63	2.57	2.52	2.47	2.43	2.39	2.36	2.33	2.30	2.27
50	2.63	2.56	2.51	2.46	2.42	2.38	2.35	2.32	2.29	2.27
51	2.62	2.55	2.50	2.45	2.41	2.37	2.34	2.31	2.28	2.26
52	2.61	2.55	2.49	2.45	2.40	2.37	2.33	2.30	2.27	2.25
53	2.60	2.54	2.49	2.44	2.40	2.36	2.33	2.29	2.27	2.24
54	2.60	2.53	2.48	2.43	2.39	2.35	2.32	2.29	2.26	2.24
55	2.59	2.53	2.47	2.42	2.38	2.34	2.31	2.28	2.25	2.23
56	2.58	2.52	2.47	2.42	2.38	2.34	2.30	2.27	2.25	2.22
57	2.58	2.51	2.46	2.41	2.37	2.33	2.30	2.27	2.24	2.22
58	2.57	2.51	2.45	2.41	2.36	2.33	2.29	2.26	2.23	2.21
59	2.56	2.50	2.45	2.40	2.36	2.32	2.29	2.26	2.23	2.20
60	2.56	2.50	2.44	2.39	2.35	2.31	2.28	2.25	2.22	2.20
61	2.55	2.49	2.44	2.39	2.35	2.31	2.28	2.25	2.22	2.19
62	2.55	2.49	2.43	2.38	2.34	2.30	2.27	2.24	2.21	2.19
63	2.54	2.48	2.43	2.38	2.34	2.30	2.27	2.23	2.21	2.18

$n=$	$m=$11	12	13	14	15	16	17	18	19	20
64	2.54	2.48	2.42	2.37	2.33	2.29	2.26	2.23	2.20	2.18
65	2.53	2.47	2.42	2.37	2.33	2.29	2.26	2.23	2.20	2.17
66	2.53	2.47	2.41	2.36	2.32	2.28	2.25	2.22	2.19	2.17
67	2.52	2.46	2.41	2.36	2.32	2.28	2.25	2.22	2.19	2.16
68	2.52	2.46	2.40	2.36	2.31	2.28	2.24	2.21	2.18	2.16
69	2.52	2.45	2.40	2.35	2.31	2.27	2.24	2.21	2.18	2.15
70	2.51	2.45	2.40	2.35	2.31	2.27	2.23	2.20	2.18	2.15
71	2.51	2.45	2.39	2.34	2.30	2.26	2.23	2.20	2.17	2.15
72	2.50	2.44	2.39	2.34	2.30	2.26	2.23	2.20	2.17	2.14
73	2.50	2.44	2.38	2.34	2.29	2.26	2.22	2.19	2.16	2.14
74	2.50	2.43	2.38	2.33	2.29	2.25	2.22	2.19	2.16	2.14
75	2.49	2.43	2.38	2.33	2.29	2.25	2.22	2.18	2.16	2.13
76	2.49	2.43	2.37	2.33	2.28	2.25	2.21	2.18	2.15	2.13
77	2.49	2.42	2.37	2.32	2.28	2.24	2.21	2.18	2.15	2.12
78	2.48	2.42	2.37	2.32	2.28	2.24	2.21	2.17	2.15	2.12
79	2.48	2.42	2.36	2.32	2.27	2.24	2.20	2.17	2.14	2.12
80	2.48	2.42	2.36	2.31	2.27	2.23	2.20	2.17	2.14	2.12
81	2.47	2.41	2.36	2.31	2.27	2.23	2.20	2.17	2.14	2.11
82	2.47	2.41	2.35	2.31	2.27	2.23	2.19	2.16	2.13	2.11
83	2.47	2.41	2.35	2.30	2.26	2.22	2.19	2.16	2.13	2.11
84	2.47	2.40	2.35	2.30	2.26	2.22	2.19	2.16	2.13	2.10
85	2.46	2.40	2.35	2.30	2.26	2.22	2.19	2.15	2.13	2.10
86	2.46	2.40	2.34	2.30	2.25	2.22	2.18	2.15	2.12	2.10
87	2.46	2.40	2.34	2.29	2.25	2.21	2.18	2.15	2.12	2.10
88	2.46	2.39	2.34	2.29	2.25	2.21	2.18	2.15	2.12	2.09
89	2.45	2.39	2.34	2.29	2.25	2.21	2.17	2.14	2.12	2.09
90	2.45	2.39	2.33	2.29	2.24	2.21	2.17	2.14	2.11	2.09
91	2.45	2.39	2.33	2.28	2.24	2.20	2.17	2.14	2.11	2.09
92	2.45	2.38	2.33	2.28	2.24	2.20	2.17	2.14	2.11	2.08
93	2.44	2.38	2.33	2.28	2.24	2.20	2.17	2.13	2.11	2.08
94	2.44	2.38	2.33	2.28	2.24	2.20	2.16	2.13	2.10	2.08
95	2.44	2.38	2.32	2.28	2.23	2.20	2.16	2.13	2.10	2.08
96	2.44	2.38	2.32	2.27	2.23	2.19	2.16	2.13	2.10	2.07
97	2.44	2.37	2.32	2.27	2.23	2.19	2.16	2.13	2.10	2.07
98	2.43	2.37	2.32	2.27	2.23	2.19	2.16	2.12	2.10	2.07
99	2.43	2.37	2.32	2.27	2.22	2.19	2.15	2.12	2.09	2.07
100	2.43	2.37	2.31	2.27	2.22	2.19	2.15	2.12	2.09	2.07
101	2.43	2.37	2.31	2.26	2.22	2.18	2.15	2.12	2.09	2.06
102	2.43	2.36	2.31	2.26	2.22	2.18	2.15	2.12	2.09	2.06
103	2.42	2.36	2.31	2.26	2.22	2.18	2.15	2.11	2.09	2.06
104	2.42	2.36	2.31	2.26	2.22	2.18	2.14	2.11	2.08	2.06
105	2.42	2.36	2.30	2.26	2.21	2.18	2.14	2.11	2.08	2.06
106	2.42	2.36	2.30	2.25	2.21	2.17	2.14	2.11	2.08	2.06
107	2.42	2.36	2.30	2.25	2.21	2.17	2.14	2.11	2.08	2.05
108	2.42	2.35	2.30	2.25	2.21	2.17	2.14	2.11	2.08	2.05
109	2.41	2.35	2.30	2.25	2.21	2.17	2.14	2.10	2.08	2.05
110	2.41	2.35	2.30	2.25	2.21	2.17	2.13	2.10	2.07	2.05
111	2.41	2.35	2.29	2.25	2.20	2.17	2.13	2.10	2.07	2.05
112	2.41	2.35	2.29	2.25	2.20	2.16	2.13	2.10	2.07	2.05
113	2.41	2.35	2.29	2.24	2.20	2.16	2.13	2.10	2.07	2.04
114	2.41	2.34	2.29	2.24	2.20	2.16	2.13	2.10	2.07	2.04
116	2.40	2.34	2.29	2.24	2.20	2.16	2.12	2.09	2.07	2.04
117	2.40	2.34	2.29	2.24	2.20	2.16	2.12	2.09	2.06	2.04
118	2.40	2.34	2.28	2.24	2.19	2.16	2.12	2.09	2.06	2.04
119	2.40	2.34	2.28	2.24	2.19	2.15	2.12	2.09	2.06	2.04
120	2.40	2.34	2.28	2.23	2.19	2.15	2.12	2.09	2.06	2.03
122	2.40	2.33	2.28	2.23	2.19	2.15	2.12	2.09	2.06	2.03
123	2.40	2.33	2.28	2.23	2.19	2.15	2.12	2.08	2.06	2.03
124	2.39	2.33	2.28	2.23	2.19	2.15	2.11	2.08	2.06	2.03
125	2.39	2.33	2.28	2.23	2.19	2.15	2.11	2.08	2.05	2.03
126	2.39	2.33	2.27	2.23	2.18	2.15	2.11	2.08	2.05	2.03
127	2.39	2.33	2.27	2.23	2.18	2.14	2.11	2.08	2.05	2.03
128	2.39	2.33	2.27	2.22	2.18	2.14	2.11	2.08	2.05	2.02
130	2.39	2.32	2.27	2.22	2.18	2.14	2.11	2.08	2.05	2.02
132	2.38	2.32	2.27	2.22	2.18	2.14	2.11	2.07	2.05	2.02
133	2.38	2.32	2.27	2.22	2.18	2.14	2.10	2.07	2.04	2.02
135	2.38	2.32	2.26	2.22	2.17	2.14	2.10	2.07	2.04	2.02
137	2.38	2.32	2.26	2.21	2.17	2.13	2.10	2.07	2.04	2.01
140	2.38	2.31	2.26	2.21	2.17	2.13	2.10	2.07	2.04	2.01
141	2.38	2.31	2.26	2.21	2.17	2.13	2.10	2.06	2.04	2.01

$n=$	$m=$11	12	13	14	15	16	17	18	19	20
143	2.37	2.31	2.26	2.21	2.17	2.13	2.09	2.06	2.03	2.01
145	2.37	2.31	2.26	2.21	2.16	2.13	2.09	2.06	2.03	2.01
146	2.37	2.31	2.25	2.21	2.16	2.13	2.09	2.06	2.03	2.01
147	2.37	2.31	2.25	2.21	2.16	2.12	2.09	2.06	2.03	2.01
148	2.37	2.31	2.25	2.20	2.16	2.12	2.09	2.06	2.03	2.00
151	2.37	2.30	2.25	2.20	2.16	2.12	2.09	2.06	2.03	2.00
153	2.37	2.30	2.25	2.20	2.16	2.12	2.09	2.05	2.03	2.00
154	2.36	2.30	2.25	2.20	2.16	2.12	2.08	2.05	2.03	2.00
155	2.36	2.30	2.25	2.20	2.16	2.12	2.08	2.05	2.02	2.00
157	2.36	2.30	2.25	2.20	2.15	2.12	2.08	2.05	2.02	2.00
158	2.36	2.30	2.24	2.20	2.15	2.12	2.08	2.05	2.02	2.00
160	2.36	2.30	2.24	2.20	2.15	2.11	2.08	2.05	2.02	1.99
161	2.36	2.30	2.24	2.19	2.15	2.11	2.08	2.05	2.02	1.99
164	2.36	2.29	2.24	2.19	2.15	2.11	2.08	2.05	2.02	1.99
166	2.36	2.29	2.24	2.19	2.15	2.11	2.08	2.04	2.02	1.99
168	2.35	2.29	2.24	2.19	2.15	2.11	2.07	2.04	2.02	1.99
169	2.35	2.29	2.24	2.19	2.15	2.11	2.07	2.04	2.01	1.99
172	2.35	2.29	2.24	2.19	2.14	2.11	2.07	2.04	2.01	1.99
173	2.35	2.29	2.23	2.19	2.14	2.11	2.07	2.04	2.01	1.99
175	2.35	2.29	2.23	2.19	2.14	2.10	2.07	2.04	2.01	1.98
176	2.35	2.29	2.23	2.18	2.14	2.10	2.07	2.04	2.01	1.98
180	2.35	2.28	2.23	2.18	2.14	2.10	2.07	2.04	2.01	1.98
182	2.35	2.28	2.23	2.18	2.14	2.10	2.07	2.03	2.01	1.98
184	2.35	2.28	2.23	2.18	2.14	2.10	2.06	2.03	2.01	1.98
185	2.34	2.28	2.23	2.18	2.14	2.10	2.06	2.03	2.00	1.98
189	2.34	2.28	2.23	2.18	2.13	2.10	2.06	2.03	2.00	1.98
190	2.34	2.28	2.22	2.18	2.13	2.10	2.06	2.03	2.00	1.98
193	2.34	2.28	2.22	2.18	2.13	2.09	2.06	2.03	2.00	1.97
194	2.34	2.28	2.22	2.17	2.13	2.09	2.06	2.03	2.00	1.97
200	2.34	2.27	2.22	2.17	2.13	2.09	2.06	2.03	2.00	1.97
202	2.34	2.27	2.22	2.17	2.13	2.09	2.06	2.02	2.00	1.97
205	2.34	2.27	2.22	2.17	2.13	2.09	2.05	2.02	2.00	1.97
206	2.33	2.27	2.22	2.17	2.13	2.09	2.05	2.02	1.99	1.97
211	2.33	2.27	2.22	2.17	2.12	2.09	2.05	2.02	1.99	1.97
212	2.33	2.27	2.21	2.17	2.12	2.09	2.05	2.02	1.99	1.97
215	2.33	2.27	2.21	2.17	2.12	2.08	2.05	2.02	1.99	1.96
217	2.33	2.27	2.21	2.16	2.12	2.08	2.05	2.02	1.99	1.96
224	2.33	2.26	2.21	2.16	2.12	2.08	2.05	2.02	1.99	1.96
227	2.33	2.26	2.21	2.16	2.12	2.08	2.05	2.01	1.99	1.96
230	2.33	2.26	2.21	2.16	2.12	2.08	2.04	2.01	1.99	1.96
231	2.33	2.26	2.21	2.16	2.12	2.08	2.04	2.01	1.98	1.96
232	2.32	2.26	2.21	2.16	2.12	2.08	2.04	2.01	1.98	1.96
238	2.32	2.26	2.21	2.16	2.11	2.08	2.04	2.01	1.98	1.96
240	2.32	2.26	2.20	2.16	2.11	2.08	2.04	2.01	1.98	1.96
242	2.32	2.26	2.20	2.16	2.11	2.08	2.04	2.01	1.98	1.95
243	2.32	2.26	2.20	2.16	2.11	2.07	2.04	2.01	1.98	1.95
246	2.32	2.26	2.20	2.15	2.11	2.07	2.04	2.01	1.98	1.95
256	2.32	2.25	2.20	2.15	2.11	2.07	2.04	2.01	1.98	1.95
258	2.32	2.25	2.20	2.15	2.11	2.07	2.04	2.00	1.98	1.95
262	2.32	2.25	2.20	2.15	2.11	2.07	2.03	2.00	1.98	1.95
263	2.32	2.25	2.20	2.15	2.11	2.07	2.03	2.00	1.97	1.95
266	2.31	2.25	2.20	2.15	2.11	2.07	2.03	2.00	1.97	1.95
273	2.31	2.25	2.20	2.15	2.10	2.07	2.03	2.00	1.97	1.95
276	2.31	2.25	2.19	2.15	2.10	2.07	2.03	2.00	1.97	1.95
278	2.31	2.25	2.19	2.15	2.10	2.07	2.03	2.00	1.97	1.94
280	2.31	2.25	2.19	2.15	2.10	2.06	2.03	2.00	1.97	1.94
284	2.31	2.25	2.19	2.14	2.10	2.06	2.03	2.00	1.97	1.94
298	2.31	2.24	2.19	2.14	2.10	2.06	2.03	2.00	1.97	1.94
299	2.31	2.24	2.19	2.14	2.10	2.06	2.03	1.99	1.97	1.94
306	2.31	2.24	2.19	2.14	2.10	2.06	2.02	1.99	1.96	1.94
312	2.30	2.24	2.19	2.14	2.10	2.06	2.02	1.99	1.96	1.94
321	2.30	2.24	2.19	2.14	2.09	2.06	2.02	1.99	1.96	1.94
326	2.30	2.24	2.18	2.14	2.09	2.06	2.02	1.99	1.96	1.94
327	2.30	2.24	2.18	2.14	2.09	2.06	2.02	1.99	1.96	1.93
331	2.30	2.24	2.18	2.14	2.09	2.05	2.02	1.99	1.96	1.93
337	2.30	2.24	2.18	2.13	2.09	2.05	2.02	1.99	1.96	1.93
356	2.30	2.23	2.18	2.13	2.09	2.05	2.02	1.99	1.96	1.93
357	2.30	2.23	2.18	2.13	2.09	2.05	2.02	1.98	1.96	1.93
367	2.30	2.23	2.18	2.13	2.09	2.05	2.01	1.98	1.95	1.93
378	2.29	2.23	2.18	2.13	2.09	2.05	2.01	1.98	1.95	1.93

$n=$	$m=11$	12	13	14	15	16	17	18	19	20
389	2.29	2.23	2.18	2.13	2.08	2.05	2.01	1.98	1.95	1.93
396	2.29	2.23	2.18	2.13	2.08	2.05	2.01	1.98	1.95	1.92
397	2.29	2.23	2.17	2.13	2.08	2.05	2.01	1.98	1.95	1.92
403	2.29	2.23	2.17	2.13	2.08	2.04	2.01	1.98	1.95	1.92
414	2.29	2.23	2.17	2.12	2.08	2.04	2.01	1.98	1.95	1.92
443	2.29	2.23	2.17	2.12	2.08	2.04	2.01	1.97	1.95	1.92
444	2.29	2.22	2.17	2.12	2.08	2.04	2.01	1.97	1.95	1.92
457	2.29	2.22	2.17	2.12	2.08	2.04	2.01	1.97	1.94	1.92
458	2.29	2.22	2.17	2.12	2.08	2.04	2.00	1.97	1.94	1.92
478	2.28	2.22	2.17	2.12	2.08	2.04	2.00	1.97	1.94	1.92
495	2.28	2.22	2.17	2.12	2.07	2.04	2.00	1.97	1.94	1.92

14.5 Quantile $w_\alpha(n_1, n_2)$ der Wilcoxon-Verteilung

Anwendungsbeispiele:

- $w_{0.005}(7,5) = 30$, $w_{1-\alpha}(n_1, n_2) = n_1(n_1 + n_2 + 1) - w_\alpha(n_1, n_2)$
- $Für\ \max(n_1, n_2) > 25$ ist $w_\alpha(n_1, n_2) \approx u_\alpha \cdot \sqrt{n_1 n_2 (n_1 + n_2 + 1)/12} + n_1(n_1 + n_2 + 1)/2$

Quantile für $\alpha = 0,005$

	2	3	4	5	6	7	8	9	10	11	12	13	14	15	16	17	18	19	20	21	22	23	24	25
2	3	3	3	3	3	3	3	3	3	3	3	3	3	3	3	3	3	4	4	4	4	4	4	4
3	6	6	6	6	6	6	6	7	7	7	8	8	8	9	9	9	9	10	10	10	11	11	11	12
4	10	10	10	10	11	11	12	12	13	13	14	14	15	16	16	17	17	18	19	19	20	20	21	21
5	15	15	15	16	17	17	18	19	20	21	22	23	23	24	25	26	27	28	29	30	30	31	32	33
6	21	21	22	23	24	25	26	27	28	29	31	32	33	34	35	37	38	39	40	41	43	44	45	46
7	28	28	29	30	32	33	35	36	38	39	41	42	44	45	47	48	50	51	53	54	56	58	59	61
8	36	36	38	39	41	43	44	46	48	50	52	54	55	57	59	61	63	65	67	69	71	72	74	76
9	45	46	47	49	51	53	55	57	59	62	64	66	68	70	73	75	77	79	82	84	86	89	91	93
10	55	56	58	60	62	65	67	69	72	74	77	80	82	85	87	90	93	95	98	100	103	106	108	111
11	66	67	69	72	74	77	80	83	85	88	91	94	97	100	103	106	109	112	115	118	121	124	127	130
12	78	80	82	85	88	91	94	97	100	103	106	110	113	116	120	123	126	130	133	137	140	143	147	150
13	91	93	95	99	102	105	109	112	116	119	123	126	130	134	137	141	145	149	152	156	160	164	167	171
14	105	107	110	113	117	121	124	128	132	136	140	144	148	152	156	160	164	169	173	177	181	185	189	193
15	120	123	126	129	133	137	141	145	150	154	158	163	167	172	176	181	185	190	194	199	203	208	212	217
16	136	139	142	146	150	155	159	164	168	173	178	182	187	192	197	202	207	211	216	221	226	231	236	241
17	153	156	160	164	169	173	178	183	188	193	198	203	208	214	219	224	229	235	240	245	250	256	261	266
18	171	174	178	183	188	193	198	203	209	214	219	225	230	236	242	247	253	259	264	270	276	281	287	293
19	191	194	198	203	208	213	219	224	230	236	242	248	254	260	265	272	278	284	290	296	302	308	314	320
20	211	214	219	224	229	235	241	247	253	259	265	271	278	284	290	297	303	310	316	323	329	336	342	349
21	232	235	240	246	251	257	264	270	276	283	290	296	303	310	316	323	330	337	344	350	357	364	371	378
22	254	258	263	268	275	281	288	294	301	308	315	322	329	336	343	350	358	365	372	379	387	394	401	409
23	277	281	286	292	299	306	312	320	327	334	341	349	356	364	371	379	386	394	402	409	417	425	432	440
24	301	305	311	317	324	331	338	346	353	361	369	376	384	392	400	408	416	424	432	440	448	456	465	473
25	326	331	336	343	350	358	365	373	381	389	397	405	413	422	430	438	447	455	464	472	481	489	498	506

Quantile für $\alpha = 0,01$

	2	3	4	5	6	7	8	9	10	11	12	13	14	15	16	17	18	19	20	21	22	23	24	25
2	3	3	3	3	3	3	3	3	3	3	3	4	4	4	4	4	4	5	5	5	5	5	5	5
3	6	6	6	6	6	7	7	8	8	8	9	9	9	10	10	11	11	11	12	12	12	13	13	14
4	10	10	10	11	12	12	13	14	14	15	16	16	17	18	18	19	20	20	21	22	22	23	24	24
5	15	15	16	17	18	19	20	21	22	23	24	25	26	27	28	29	30	31	32	33	34	35	36	37
6	21	21	23	24	25	26	28	29	30	31	33	34	35	37	38	40	41	42	44	45	46	48	49	51
7	28	29	30	32	33	35	36	38	40	41	43	45	46	48	50	52	53	55	57	59	60	62	64	65
8	36	37	39	41	43	44	46	48	50	52	54	57	59	61	63	65	67	69	71	73	75	77	79	82
9	45	47	49	51	53	55	57	60	62	64	67	69	72	74	77	79	82	84	86	89	91	94	96	99

	2	3	4	5	6	7	8	9	10	11	12	13	14	15	16	17	18	19	20	21	22	23	24	25
10	55	57	59	62	64	67	69	72	75	78	80	83	86	89	92	94	97	100	103	106	109	111	114	117
11	66	68	71	74	76	79	82	85	89	92	95	98	101	104	108	111	114	117	120	124	127	130	133	137
12	78	81	84	87	90	93	96	100	103	107	110	114	117	121	125	128	132	135	139	143	146	150	154	157
13	92	94	97	101	104	108	112	115	119	123	127	131	135	139	143	147	151	155	159	163	167	171	175	179
14	106	108	112	116	119	123	128	132	136	140	144	149	153	157	162	166	171	175	179	184	188	193	197	201
15	121	124	128	132	136	140	145	149	154	158	163	168	172	177	182	187	191	196	201	206	211	215	220	225
16	137	140	144	149	153	158	163	168	173	178	183	188	193	198	203	208	213	219	224	229	234	239	245	250
17	154	158	162	167	172	177	182	187	192	198	203	209	214	220	225	231	236	242	247	253	259	264	270	276
18	172	176	181	186	191	196	202	208	213	219	225	231	237	242	248	254	260	266	272	278	284	290	296	302
19	192	195	200	206	211	217	223	229	235	241	247	254	260	266	273	279	285	292	298	304	311	317	324	330
20	212	216	221	227	233	239	245	251	258	264	271	278	284	291	298	304	311	318	325	332	338	345	352	359
21	233	237	243	249	255	262	268	275	282	289	296	303	310	317	324	331	338	345	353	360	367	374	382	389
22	255	259	265	272	278	285	292	299	307	314	321	329	336	344	351	359	366	374	381	389	397	404	412	420
23	278	283	289	296	303	310	317	325	332	340	348	356	364	371	379	387	395	403	411	419	427	435	444	452
24	302	307	314	321	328	336	343	351	359	367	376	384	392	400	409	417	425	434	442	451	459	468	476	485
25	327	333	339	347	355	362	371	379	387	396	404	413	421	430	439	448	456	465	474	483	492	501	510	518

Quantile für $\alpha = 0,025$

	2	3	4	5	6	7	8	9	10	11	12	13	14	15	16	17	18	19	20	21	22	23	24	25
2	3	3	3	3	3	3	4	4	4	4	5	5	5	5	5	6	6	6	6	7	7	7	7	7
3	6	6	6	7	8	8	9	9	10	10	11	11	12	12	13	13	14	14	15	15	16	16	17	17
4	10	10	11	12	13	14	15	15	16	17	18	19	20	21	22	22	23	24	25	26	27	28	28	29
5	15	16	17	18	19	21	22	23	24	25	27	28	29	30	31	33	34	35	36	38	39	40	41	43
6	21	23	24	25	27	28	30	32	33	35	36	38	39	41	43	44	46	47	49	51	52	54	55	57
7	28	30	32	34	35	37	39	41	43	45	47	49	51	53	55	57	59	61	63	65	67	69	71	73
8	37	39	41	43	45	47	50	52	54	56	59	61	63	66	68	71	73	75	78	80	82	85	87	90
9	46	48	50	53	56	58	61	63	66	69	72	74	77	80	83	85	88	91	94	96	99	102	105	108
10	56	59	61	64	67	70	73	76	79	82	85	89	92	95	98	101	104	108	111	114	117	120	123	127
11	67	70	73	76	80	83	86	90	93	97	100	104	107	111	114	118	122	125	129	132	136	140	143	147
12	80	83	86	90	93	97	101	105	108	112	116	120	124	128	132	136	140	144	148	152	156	160	164	168
13	93	96	100	104	108	112	116	120	125	129	133	137	142	146	151	155	159	164	168	172	177	181	186	190
14	107	111	115	119	123	128	132	137	142	146	151	156	161	165	170	175	180	184	189	194	199	204	208	213
15	122	126	131	135	140	145	150	155	160	165	170	175	180	185	191	196	201	206	211	217	222	227	232	238
16	138	143	148	152	158	163	168	174	179	184	190	196	201	207	212	218	223	229	235	240	246	252	257	263
17	156	160	165	171	176	182	188	193	199	205	211	217	223	229	235	241	247	253	259	265	271	277	283	289
18	174	179	184	190	196	202	208	214	220	227	233	239	246	252	258	265	271	278	284	291	297	304	310	317
19	193	198	204	210	216	223	229	236	243	249	256	263	269	276	283	290	297	304	310	317	324	331	338	345
20	213	219	225	231	238	245	252	259	266	273	280	287	294	301	309	316	323	330	338	345	352	360	367	374
21	235	240	247	254	261	268	275	282	290	297	305	312	320	328	335	343	351	358	366	374	382	389	397	405
22	257	263	270	277	284	292	299	307	315	323	331	339	347	355	363	371	379	387	395	404	412	420	428	436
23	280	286	294	301	309	317	325	333	341	350	358	366	375	383	392	400	409	417	426	434	443	452	460	469
24	304	311	318	326	334	343	351	360	368	377	386	395	403	412	421	430	439	448	457	466	475	484	493	502
25	329	336	344	353	361	370	379	388	397	406	415	424	433	443	452	461	471	480	489	499	508	518	527	537

Quantile für $\alpha = 0,05$

	2	3	4	5	6	7	8	9	10	11	12	13	14	15	16	17	18	19	20	21	22	23	24	25
2	3	3	3	4	4	4	5	5	5	5	6	6	6	7	7	7	8	8	8	9	9	9	10	10
3	6	6	7	8	9	9	10	10	11	12	12	13	14	14	15	16	16	17	18	18	19	20	20	21
4	10	11	12	13	14	15	16	17	18	19	20	21	22	23	25	26	27	28	29	30	31	32	33	34
5	16	17	18	20	21	22	24	25	27	28	29	31	32	34	35	36	38	39	41	42	44	45	46	48
6	22	24	25	27	29	30	32	34	36	38	39	41	43	45	47	48	50	52	54	56	58	59	61	63
7	29	31	33	35	37	40	42	44	46	48	50	53	55	57	59	62	64	66	68	70	73	75	77	79
8	38	40	42	45	47	50	52	55	57	60	63	65	68	70	73	76	78	81	84	86	89	91	94	97
9	47	49	52	55	58	61	64	67	70	73	76	79	82	85	88	91	94	97	100	103	106	109	112	115
10	57	60	63	67	70	73	76	80	83	87	90	93	97	100	104	107	111	114	118	121	124	128	131	135
11	68	72	75	79	83	86	90	94	98	101	105	109	113	117	121	124	128	132	136	140	144	148	152	156
12	81	84	88	92	96	100	105	109	113	117	121	126	130	134	139	143	147	151	156	160	164	169	173	177
13	94	98	102	107	111	116	120	125	129	134	139	143	148	153	157	162	167	172	176	181	186	190	195	200

	2	3	4	5	6	7	8	9	10	11	12	13	14	15	16	17	18	19	20	21	22	23	24	25
14	108	113	117	122	127	132	137	142	147	152	157	162	167	172	177	183	188	193	198	203	208	213	219	224
15	124	128	133	139	144	149	154	160	165	171	176	182	187	193	198	204	209	215	221	226	232	237	243	249
16	140	145	151	156	162	167	173	179	185	191	197	202	208	214	220	226	232	238	244	250	256	262	268	274
17	157	163	169	174	180	187	193	199	205	211	218	224	231	237	243	250	256	263	269	275	282	288	295	301
18	176	181	188	194	200	207	213	220	227	233	240	247	254	260	267	274	281	288	295	302	308	315	322	329
19	195	201	208	214	221	228	235	242	249	256	263	271	278	285	292	300	307	314	321	329	336	343	351	358
20	215	222	229	236	243	250	258	265	273	280	288	295	303	311	318	326	334	341	349	357	365	372	380	388
21	237	243	251	258	266	273	281	289	297	305	313	321	329	337	345	353	362	370	378	386	394	402	411	419
22	259	266	274	282	290	298	306	314	322	331	339	348	356	365	373	382	390	399	408	416	425	433	442	451
23	282	290	298	306	314	323	331	340	349	358	367	375	384	393	402	411	420	429	438	447	456	466	475	484
24	307	314	323	331	340	349	358	367	376	386	395	404	414	423	432	442	451	461	470	480	489	499	508	518
25	332	340	349	358	367	376	386	395	405	415	424	434	444	454	463	473	483	493	503	513	523	533	543	553

Quantile für $\alpha = 0,1$

	2	3	4	5	6	7	8	9	10	11	12	13	14	15	16	17	18	19	20	21	22	23	24	25
2	3	3	4	5	5	5	6	6	7	7	8	8	8	9	9	10	10	11	11	12	12	12	13	13
3	6	7	8	9	10	11	12	12	13	14	15	16	17	17	18	19	20	21	22	22	23	24	25	26
4	11	12	13	15	16	17	18	20	21	22	23	24	26	27	28	29	31	32	33	34	36	37	38	39
5	17	18	20	21	23	24	26	28	29	31	33	34	36	38	39	41	43	44	46	47	49	51	52	54
6	23	25	27	29	31	33	35	37	39	41	43	45	47	49	51	53	56	58	60	62	64	66	68	70
7	30	33	35	37	40	42	45	47	50	52	55	57	60	62	65	67	70	72	75	77	80	82	85	87
8	39	42	44	47	50	53	56	59	61	64	67	70	73	76	79	82	85	88	91	93	96	99	102	105
9	48	51	55	58	61	64	68	71	74	77	81	84	87	91	94	98	101	104	108	111	114	118	121	124
10	59	62	66	69	73	77	80	84	88	92	95	99	103	107	110	114	118	122	126	129	133	137	141	145
11	70	74	78	82	86	90	94	98	103	107	111	115	119	124	128	132	136	140	145	149	153	157	162	166
12	83	87	91	96	100	105	109	114	118	123	128	132	137	142	146	151	156	160	165	170	174	179	184	188
13	96	101	105	110	115	120	125	130	135	140	145	150	155	160	166	171	176	181	186	191	196	201	206	212
14	110	116	121	126	131	137	142	147	153	158	164	169	175	180	186	191	197	203	208	214	219	225	230	236
15	126	131	137	143	148	154	160	166	172	178	184	189	195	201	207	213	219	225	231	237	243	249	255	261
16	142	148	154	160	166	173	179	185	191	198	204	211	217	223	230	236	243	249	256	262	268	275	281	288
17	160	166	172	179	185	192	199	206	212	219	226	233	239	246	253	260	267	274	281	288	295	301	308	315
18	178	185	192	199	206	213	220	227	234	241	249	256	263	270	278	285	292	300	307	314	322	329	336	344
19	198	205	212	219	227	234	242	249	257	264	272	280	288	295	303	311	319	326	334	342	350	358	365	373
20	218	226	233	241	249	257	265	273	281	289	297	305	313	321	330	338	346	354	362	371	379	387	395	404
21	240	247	255	263	272	280	288	297	305	314	323	331	340	348	357	366	374	383	392	400	409	418	426	435
22	262	270	279	287	296	305	313	322	331	340	349	358	367	376	385	395	404	413	422	431	440	449	458	468
23	285	294	303	312	321	330	339	349	358	367	377	386	396	405	415	424	434	444	453	463	472	482	492	501
24	310	319	328	337	347	357	366	376	386	396	406	415	425	435	445	455	465	475	485	495	505	516	526	536
25	335	345	354	364	374	384	394	404	415	425	435	446	456	466	477	487	498	508	519	529	540	550	561	571

14.6 Quantile $d_\alpha(n)$ der Kolmogoroff-Verteilung

Für fehlende n wird der nächstkleinere, in der Tabelle aufgeführte Wert $\tilde{n}$ verwendet.

$n =$	α =0.9	0.95	0.99	0.995	0 .999	$n =$	α =0.9	0.95	0.99	0.995	0 .999
1	0.95	0.97	0.99	1.00	1.00	16	1.18	1.31	1.57	1.67	1.87
2	1.10	1.19	1.31	1.34	1.38	17	1.18	1.31	1.57	1.67	1.87
3	1.10	1.23	1.44	1.50	1.59	18	1.18	1.31	1.57	1.67	1.88
4	1.13	1.25	1.47	1.55	1.70	19	1.18	1.31	1.57	1.67	1.88
5	1.14	1.26	1.49	1.58	1.75	20	1.18	1.32	1.58	1.67	1.88
6	1.15	1.27	1.51	1.60	1.78	21	1.18	1.32	1.58	1.68	1.88
7	1.15	1.28	1.52	1.61	1.80	22	1.19	1.32	1.58	1.68	1.89
8	1.16	1.28	1.53	1.62	1.81	27	1.19	1.32	1.58	1.68	1.90
9	1.16	1.29	1.54	1.63	1.83	28	1.19	1.32	1.59	1.69	1.90
10	1.17	1.29	1.55	1.64	1.84	32	1.19	1.33	1.59	1.69	1.90
11	1.17	1.30	1.55	1.65	1.84	36	1.19	1.33	1.59	1.69	1.91
12	1.17	1.30	1.56	1.65	1.85	38	1.20	1.33	1.59	1.69	1.91
13	1.17	1.30	1.56	1.66	1.86	40	1.20	1.33	1.59	1.70	1.91
14	1.18	1.31	1.56	1.66	1.86	41	1.20	1.33	1.59	1.70	1.91
15	1.18	1.31	1.57	1.66	1.87	>41	1.22	1.36	1.63	1.73	1.95

15 R-Befehle

Die Erläuterungen wurden – soweit verfügbar und ggf. gekürzt – der R-Dokumentation entnommen.

15.1 Objekte und Objekteigenschaften

```
mode(x) # Get/set  type/storage mode of an object
length(x) # Get/set the length of a R object
class(x) # retrieves the class of object x
attributes(obj) #  access an object's attributes.
summary(objekt,...) # produces result summaries for
   various model fitting functions.
plot(x,y,...) # plotting of R objects.
as.<Class>(object) # coercing an object to a given <Class>,
    e.g. as.numeric, ...
is.<Class>(object) # tests whether object can be treated as
    from <Class>
```

15.2 Vektoren, Matrizen und Arrays

```
length(x) # Get or set the length of vectors (including
   lists) and factors
c(...) #combines its arguments to form a vector.
cbind(...) # Combine   arguments  by columns
rbind(...) # Combine  arguments by rows
x:y # Generate regular sequences, e.g. 1:42
a:b # for factors, equivalent to interaction(a,b)
seq(from = 1, to = 1, by = ((to - from)/(length.out - 1)),
   ...) # Generate regular sequences.
rep(x, ...) # rep replicates the values in x.
names(x) # get or set the names of an object
factor(x,...) # encode a vector as a factor
array(data = NA, dim = length(data), dimnames = NULL) #
   Creates or tests for arrays.
dim(x) # Retrieve/set  dimension of an object.
matrix(data = NA, nrow = 1, ncol = 1, byrow = FALSE,
   dimnames = NULL) # creates a matrix.
```

15.3 Mathematische Funktionen

```
sin(x), cos(x), tan(x) # trig. functions, inverse a<xxx>
exp(x) # computes the exponential function
log(x, base = exp(1)) # logarithm
sqrt(x) # computes the square root of x
abs(x) # computes the absolute value of x
factorial(x) # x! for non-negative integer x
gamma(x) # Gamma-Function
+ x # returns a numeric or complex vector
- x # returns a numeric or complex vector
x +-*/^ y # elementwise operations
x %/% y # integer division of x by y
cond1 && cond2 # logical AND. || for OR.
!(cond) # logical negation
xor(cond1,cond2) # logical XOR
```

15.4 Matrixoperationen

```
x %*% y # multiplies conformable matrices
det(x) # calculates the determinant of a matrix
solve(a,b) # solves the equation a %*% x = b.
solve(a) # inverse of matrix a
eigen(x, symmetric, only.values = FALSE, EISPACK = FALSE) #
    a list with eigenvalues ...$values and eigenvectors ...
   $vectors
svd(x, nu = min(n, p), nv = min(n, p), LINPACK = FALSE) #
   singular-value decomposition of a rectangular matrix
```

15.5 Numerische Integration

```
integrate(f, lower, upper, ..., subdivisions = 100L, rel.
   tol = .Machine$double.eps^0.25, abs.tol = rel.tol,stop.
   on.error = TRUE, keep.xy = FALSE, aux = NULL) # Adaptive
    numeric integration functions of one variable
```

15.6 Lineare Optimierung

```
boot::simplex(a, A1 = NULL, b1 = NULL, A2 = NULL, b2 = NULL
   , A3 = NULL,b3 = NULL, ...) # optimizes  a%*%x subject
   to  A1%*%x <= b1, A2%*%x >= b2, A3%*%x = b3,  x >= 0.
lpSolve::lp(direction = "min", objective.in, const.mat,
   const.dir, const.rhs, ...) # Interface to lp\_solve
   linear/integer programming system
```

15.7 Datenerzeugung, -import und -export

```
list(...) # constructs a list; arguments are of the form <
   value> or <tagname> = <value>.
a[i] # extracts/replaces ith part of list/vector
a[[i]] # extracts/replaces ith part of list/vector while
   dropping its name
a$<tagname> # extract/replace value of <tn> in list
data.frame(...) #  creates data frames; arguments are of
   the form <value> or <tag> = <value>
a$<tn> # Vector of attribute-values w.r.t. <tn>
a[<boolvector>,] # selects rows in data frame a
   corresponding to <boolvector>.
attach(<name>) # <name> is attached to the R search path
detach(<name>) # <name> is removed from the R search path
read.table(file, ...) # creates a data frame from from a
   file in table format.
read.csv(file,...)# Reads a file in csv-format. read.csv2
   if a comma is used as decimal point and a semicolon as
   field separator.
write.table(x, file = "", ...) # prints data frame x to a
   file or connection.
write.csv(x,file="",...) # prints data frame x to a csv-
   file. write.csv2: see read.csv
```

R-Befehle

15.8 Deskriptive Statistik

```
table(...) #  uses the cross-classifying factors to build a
    contingency table of the counts at each combination of
   factor levels.
ftable(...) # Create 'flat' contingency tables.
summary(object, ...) #  generic function used to produce
   result summaries of the results of various model fitting
    functions.
cut(x, breaks, labels = NULL,...) # divides the range of x
   into intervals and codes it accordingly.
max(..., na.rm = FALSE) # Returns the maxima  of the input
   values.
min(..., na.rm = FALSE) # Returns the minima  of the input
   values.
mean(x, trim = 0, na.rm = FALSE, ...) # Generic function
   for the (trimmed) arithmetic mean.
median(x, na.rm = FALSE) # Compute the sample median.
quantile(x, probs = seq(0, 1, 0.25), na.rm = FALSE, names =
    TRUE, type = 7, ...) # roduces sample quantiles
   corresponding to the given probabilities.
sd(x, na.rm = FALSE) # computes the standard deviation of
   the values in x.
```

```
var(x, y = NULL, na.rm = FALSE, use) # compute the sample
   variance of x. if y is a vector, cov(x,y) is computed.
ecdf(x) # Compute an empirical cumulative distribution
   function of numeric vector.
ineq::Lc(x, n = rep(1,length(x)), plot = FALSE) # Computes
   the (empirical) ordinary and generalized Lorenz curve of
    a vector x
ineq::Gini(x, corr = FALSE, na.rm = TRUE) # computes the
   Gini coefficient.
cov(x, y = NULL, use = "everything", method = c("pearson",
   "kendall", "spearman")) # computes  sampling covariance
   following the given method
cor(x, y = NULL, use = "everything", method = c("pearson",
   "kendall", "spearman")) # computes  covariance following
    the given method
```

15.9 Explorative Statistik, Grafische Illustration

```
plot(x, y, ...) # Generic plotting of R objects.
barplot(height,horiz=FALSE...) # Creates a bar plot with
   vertical or horizontal bars.
pie(x, labels = names(x), ...) # Draw pie chart
hist(x,...) # computes histogram of data values x
boxplot(x, ...) # Produce box-and-whisker plot(s) of the
   given (grouped) values. Variant: boxplot(y~x,...)
   computes boxplots of y grouped by factor x.
jitter(x, factor = 1, amount = NULL) # Add a small amount
   of noise to a numeric vector.
MASS::parcoord(x, col = 1, lty = 1, var.label = FALSE, ...)
    # a parallel coordinates plots of matrix/data frame x
   is drawn.
dist(x,...) # computes  the distance matrix of x
hclust(d, method = "complete", members = NULL) #
   Hierarchical cluster analysis on a set of
   dissimilarities and methods for analyzing it.
cutree(tree, k = NULL, h = NULL) # Cuts a tree, e.g., as
   resulting from hclust, into several groups either by
   specifying the desired number(s) of groups or the cut
   height(s).
kmeans(x, centers, iter.max = 10, nstart = 1, algorithm = c
   ("Hartigan-Wong", "Lloyd", "Forgy", "MacQueen"), trace=
   FALSE) # Perform k-means clustering on a data matrix.
cmdscale(d, k = 2, eig = FALSE, add = FALSE, x.ret = FALSE,
    list. = eig || add || x.ret) # Classical
   multidimensional scaling (MDS) of a data matrix. Also
   known as principal coordinates analysis (Gower, 1966).
rpart::rpart(formula, data,...) # constructs a CART
   following Breiman (Classification and Regression Trees
   (1984), Wadsworth).
```

```
tree::tree(formula, data,...) # constructs a CART,
   reimplementation of S-function tree.
```

15.10 Schließende Statistik

```
density(x,...) # computes kernel density estimates.
qqplot(x,y,...) # produces a QQ plot of two data sets
qqnorm(y,...) # produces a normal QQ plot of the values in
   y
stats4::mle(minuslogl, start = formals(minuslogl), method =
    "BFGS", fixed = list(), nobs, ...) # Estimate
   parameters by the method of maximum likelihood.
lm(formula, data, ...) # is used to fit linear models. For
    generalized linear models, e.g. logistic regression,
   use glm(...)
```

15.11 Grafikfunktionen

```
par(..., no.readonly = FALSE) # used  to set or query
   graphical parameters.
plot(x, y, ...) # Generic function for plotting of R
   objects.
curve(expr, from = NULL, to = NULL, n = 101, ...) # Draws a
    curve corresponding to a function over the interval [
   from, to]. curve can plot also an expression in the
   variable xname, default x.
persp(x, ...) # draws perspective plots of a surface over
   the x-y plane. persp is a generic function.
contour(x,...) # Create a contour plot, or add contour
   lines to an existing plot.
abline(a = NULL, b = NULL, ...) # adds one or more straight
    lines through the current plot.
grid(nx = NULL, ny = nx, ...) # adds an nx by ny
   rectangular grid to an existing plot.
points(x, y = NULL, type = "p", ...) # draws a sequence of
   points.
lines(x, y = NULL, type = "l", ...) # A generic function
   taking coordinates given in various ways and joining the
    corresponding points with line segments.
rug(x, ticksize = 0.03, side = 1, lwd = 0.5, col = par("fg"
   ),quiet = getOption("warn") < 0, ...) # Adds a rug
   representation (1-d plot) of the data to the plot.
rgl::plot3d(x, y, z,...) # Draws a 3D scatterplot.
stepfun(x, y, f = as.numeric(right), ties = "ordered",
   right = FALSE) # returns an interpolating step function
   w.r.t. x,y
```

15.12 Programmierung

```
FUN<-function(arglist) expr # defines a function FUN
if (<cond>) <expression> #  conditioning
if (<cond>) <expression> else <alt.expr> #  conditioning
   with alternative
ifelse(test, yes, no) # conditioning with alternative
switch(EXPR, ...) # evaluates EXPR and accordingly chooses
   one of the further arguments (in ...).
for (<var> in <seq>) <expression> # loop with counter <var>
while (<cond>) <expression> # while-loop with condition
  repeat <expression> # repeat-loop
break # breaks aout of a for,while or repeat loop
next # halts the processing of the current iteration and
   advances the looping index
Vectorize(FUN, vectorize.args = arg.names, SIMPLIFY = TRUE,
    USE.NAMES = TRUE) # creates a function wrapper that
   vectorizes the action of its argument FUN.
apply(X, MARGIN, FUN, ...) # Returns vector/array/list  by
   applying FUN to margins of array/matrix X.
lapply(X, FUN, ...) # returns a list of the same length as
   X, each element of which is the result of applying FUN
   to the corresponding element of X.
sapply(X, FUN, ...) # user-friendly version/wrapper of
   lapply by default returning a vector or matrix
mapply(FUN, ...) # applies FUN to  first/second etc.
   elements of each ... argument
tapply(X, INDEX, FUN = NULL, ...) #  Apply a function to
   each cell of a ragged array.
by(data, INDICES, FUN, ...) # wrapper for tapply applied to
    data frames.
outer(X, Y, FUN = "*", ...) # Outer product of arrays X,Y w
   .r.t. function FUN
source(file,...) #  causes R to accept its input (R-Code)
   from named file or URL or connection
```

15.13 Arbeiten mit Paketen, Hilfefunktionen

```
help(topic,...)  # (?topic) interface to  help systems.
help.search(pattern, ..) # (or ??pattern) Searching the
   help system for documentation matching a given character
    string in the (file) name, alias, title, concept or
   keyword entries (or any combination thereof
library(package) # (and require(package)) load and attach
   add-on packages.
data(...) # Loads specified data sets, or list the
   available data sets.
source(file,...) # evaluate R-code from file
```

Symbole und Abkürzungen

$f'(x)$	Ableitung der Funktion f an der Stelle x ⇨ vgl. S. 46
$f''(x)$	zweite Ableitung der Funktion f an der Stelle x ⇨ vgl. S. 50
$f^{(n)}(x)$	n-te Ableitung der Funktion f an der Stelle x
$\|x\|$	Absolutbetrag der reellen Zahl x ⇨ vgl. S. 44
$\forall$	Allquantor: für alle $x \dots$ bzw. $\forall x \dots$
$\mathbb{A} \Leftrightarrow \mathbb{B}$	Äquivalenz: $\mathbb{A}$ ist genau dann wahr, wenn $\mathbb{B}$ wahr ist.
$\arg\max\limits_{x \in \mathbb{D}} f(x)$	Argument des Maximums, Stelle $x \in \mathbb{D}$, an der die Funktion f ihr Maximum annimmt. Sinngemäß: $\arg\min\limits_{x \in \mathbb{D}} f(x)$
$B_r(x)$	(auch $B(x,r)$) offener Ball/offene Kugel um x mit Radius r ⇨ vgl. S. 23
BKS	Bedingungen vom komplementären Schlupf ⇨ vgl. S. 56
$Be(\alpha, \beta)$	Beta-Verteilung ⇨ vgl. S. 80
$Bild(f)$	Bild der Funktion f ⇨ vgl. S. 15
$\binom{n}{k}$	Binomialkoeffizient ⇨ vgl. S. 42
$Bin(n,p)$	Binomialverteilung ⇨ vgl. S. 71
$\mathbb{B}$	Borel'sche σ-Algebra, kleinste σ-Algebra über $\mathbb{R}$, die alle Intervalle enthält ⇨ vgl. S. 63
$\chi^2(n)$	(Zentrale) Chi-Quadrat-Verteilung mit n Freiheitsgraden ⇨ vgl. S. 78
CD	Cobb-Douglas ⇨ vgl. S. 49
CES	Constant elasticity of substitution ⇨ vgl. S. 49
D_f	Definitionsbereich der Funktion f ⇨ vgl. S. 15
$\text{diag}(\dots)$	Diagonalmatrix ⇨ vgl. S. 25
$Df(x)$	Differential der Funktion f im Punkt x ⇨ vgl. S. 47
$\dim(\mathbb{L})$	Dimension des UVR $\mathbb{L}$ ⇨ vgl. S. 22
$DE(\mu, \lambda)$	Doppelexponentialverteilung, Laplace-Verteilung ⇨ vgl. S. 75
I_n	Einheitsmatrix ⇨ vgl. S. 25
$e^{(i)}$	Einheitsvektor ⇨ vgl. S. 21
$\bar{1}$, $\bar{1}_n$	Einsvektor ⇨ vgl. S. 21

$\in$, $\notin$	x ist Element der Menge A bzw. $x \in A$
e	eulersche Zahl, $e = 2,71828\ldots$ ⇨ vgl. S. 41
$\exists$	Existenzquantor: es gibt $x\ldots$ bzw. $\exists x\ldots$
$\exp(x)$	bzw. e^x Exponentialfunktion ⇨ vgl. S. 41
$Exp(\lambda)$	Exponentialverteilung ⇨ vgl. S. 74
$F(m,n)$	(zentrale) F-Verteilung ⇨ vgl. S. 79
$n!$	Fakultät der Zahl n ⇨ vgl. S. 63
$\mathcal{L}(X) * \mathcal{L}(Y)$	Faltung der beiden Verteilungen, Summenverteilung der st.u. ZV X, Y ⇨ vgl. S. 69
$\mathbb{Z}$	Menge der ganzen Zahlen ⇨ vgl. S. 9
$\Gamma(x)$	Gamma-Funktion ⇨ vgl. S. 43
$\Gamma(\lambda, c)$	Gamma-Verteilung ⇨ vgl. S. 79
g.d.w.	genau dann, wenn
$Geo(p)$	geometrische Verteilung ⇨ vgl. S. 72
$\nabla f(x)$	Gradient der Funktion f im Punkt x ⇨ vgl. S. 47
$\overset{*}{=}$	Gleichung setzt geordnete Daten, d.h. $x_1 \leq \cdots \leq x_n$ voraus ⇨ vgl. S. 59
G_f	Graph der Funktion f ⇨ vgl. S. 35
$\lim\limits_{n\to\infty} a_n$	Grenzwert der Folge $(a_n)_{n\in\mathbb{N}}$ ⇨ vgl. S. 30
$\lim\limits_{x\to x_0} f(x)$	Grenzwert der Funktion $f(x)$ mit $x \to x_0$. Auch uneigentlich, d.h. für $x_0 = \infty$ verwendet ⇨ vgl. S. 45
$\lfloor x \rfloor$	größte ganze Zahl kleiner oder gleich x
$H_f(x)$	Hesse-Matrix der Funktion f in x ⇨ vgl. S. 50
$Hyp(M,K,n)$	Hypergeometrische Verteilung ⇨ vgl. S. 73
id	Identität ⇨ vgl. S. ??
$\mathbb{A} \Rightarrow \mathbb{B}$	Implikation: Aus $\mathbb{A}$ folgt $\mathbb{B}$, d.h. wenn $\mathbb{A}$ wahr ist, dann ist auch $\mathbb{B}$ wahr.
i.d.R.	in der Regel
$\mathbf{1}_S(x)$	Indikatorfunktion der Menge S. Nimmt den Wert Eins an, wenn $x \in S$ und Null sonst ⇨ vgl. S. 44
inf	Infimum ⇨ vgl. S. 10
$[a;b]$	abgeschlossenes Intervall mit den Grenzen a und b ⇨ vgl. S. 9
$]a;b[$	offenes Intervall mit den Grenzen a, b
$[a;b[$, $]a;b]$	halbabgeschlossenes bzw. halboffenes Intervall mit den Grenzen a und b
$\int_a^b f(x)dx$	bestimmtes Integral von f in den Grenzen von a bis b ⇨ vgl. S. 52
$\int f(x)dx$	unbestimmtes Integral (Stammfunktion) der Funktion f ⇨ vgl. S. 51

A^{-1} Inverse der Matrix A ⇨ vgl. S. 25

$J_f(x)$ Jacobi-Matrix der partiellen Ableitungen des Funktionsvektors f nach den Variablen des Vektors x, vgl. auch partielle Ableitung ⇨ vgl. S. 47

$A \times B$ kartesisches Produkt der Mengen A,B; Menge aller Vektoren $(x, y)^T \in \mathbb{R}^2$ bzw. Paare (x, y) mit $x \in A$ und $y \in B$ ⇨ vgl. S. 13

M^n n-faches kartesisches Produkt der Menge M; Menge aller (Spalten-)Vektoren, deren Komponenten in M liegen ⇨ vgl. S. 13

$Kern(A)$ Kern der Matrix A: Lösungsmenge des homogenen LGS $Ax = \bar{0}$ ⇨ vgl. S. 17

$\lceil x \rceil$ kleinste ganze Zahl größer oder gleich x

KI Konfidenzintervall

cor theoretische, empirische (Bravais-)Pearson-Korrelation oder Korrelationsmatrix„ auch mit ρ oder ρ_P bezeichnet

$\cos(x)$ Kosinus der reellen Zahl x ⇨ vgl. S. 42

A^c Komplement der Menge A mit Bezug auf eine Obermenge M (meist $\mathbb{R}$ oder $\mathbb{R}^n$). Alle Punkte, die nicht in A enthalten sind ⇨ vgl. S. 10

$\cot(x)$ Kotangens der reellen Zahl x ⇨ vgl. S. 42

cov theoretische, empirische Kovarianz, oder Kovarianzmatrix

$\emptyset$ bzw. $\{\}$ leere Menge; Menge, die kein Element enthält ⇨ vgl. S. 10

l.a. linear abhängig ⇨ vgl. S. 21

l.u. linear unabhängig ⇨ vgl. S. 21

LGS Lineares Gleichungssystem ⇨ vgl. S. 17

LK Linearkombination ⇨ vgl. S. 21

LM Lagrange-Multiplikator ⇨ vgl. S. 56

$\log(x)$,$\ln(x)$ Logarithmus von x zur Basis e. Der Logarithmus zur Basis $a \in \mathbb{R}$ wird mit $\log_a(x)$ bezeichnet ⇨ vgl. S. 41

$\mathcal{LN}(\mu, \sigma^2)$ Lognormalverteilung ⇨ vgl. S. 77

$(a^{(1)}, \ldots, a^{(m)})$ Die aus den Spalten(-vektoren) $a^{(1)}, \ldots, a^{(m)}$ zusammengesetzte Matrix A. ⇨ vgl. S. 21

A^n Matrixpotenz, n-faches Produkt der Matrix A mit sich selbst ⇨ vgl. S. 14

$\mathbb{R}^{m \times n}$ Menge der $m \times n$-Matrizen ⇨ vgl. S. 13

max Maximum ⇨ vgl. S. 10

$x \vee y$ $\max(x, y)$ ⇨ vgl. S. 10

min Minimum ⇨ vgl. S. 10

$x \wedge y$ $\min(x, y)$ ⇨ vgl. S. 10

AB, $A \cdot B$ Produkt der Matrizen A, B. ⇨ vgl. S. 14

Symbole und Abkürzungen

$\mathbb{N}$	Menge der natürlichen Zahlen (ohne Null). $\mathbb{N}_0$ bezeichnet Menge der natürlichen Zahlen inklusive Null, $\mathbb{N}_k$ Menge der ganzen Zahlen ab $k \in \mathbb{Z}$. ⇨ vgl. S. 9
NB	Nebenbedingung ⇨ vgl. S. 56
$NBin(r, p)$	Negativ-Binomialverteilung ⇨ vgl. S. 72
$\|x\|$	euklidische Norm des Vektors x. ⇨ vgl. S. 23
$\|x\|_\infty$	Maximum-Norm des Vektors x. ⇨ vgl. S. 23
$\|x\|_p$	p-Norm bzw. Minkowski-Norm des Vektors x. ⇨ vgl. S. 23
$\mathcal{N}(\mu, \sigma^2)$	Normalverteilung ⇨ vgl. S. 76
$n_f(x_0)$	Nullstellenordnung von f in x_0 ⇨ vgl. S. 39
$\bar{0}$, $\bar{0}_n$	Nullvektor. Eine $m \times n$-Matrix mit Nulleinträgen wird mit $\bar{0}_{m \times n}$ bezeichnet. ⇨ vgl. S. 21
$x \perp y$	Die Vektoren x und y sind orthogonal ⇨ vgl. S. 23
$Par(\lambda, c)$	Pareto-Verteilung ⇨ vgl. S. 76
$\frac{\partial f}{\partial x}$, $D_i f(x)$	partielle Ableitung der Funktion f nach der (i-ten) Variablen x, vgl. auch Jacobi-Matrix ⇨ vgl. S. 46
$\frac{\partial f}{\partial x}\Big\|_{x=x^{(0)}}$	Einsetzen von $x = x^{(0)}$ in den Ausdruck $\frac{\partial f}{\partial x}$
π	Kreiskonstante „Pi“, $\pi = 3,1415926\ldots$ ⇨ vgl. S. 42
$Poi(\lambda)$	Poisson-Verteilung ⇨ vgl. S. 73
$\mathcal{P}(\Omega)$	Potenzmenge, Menge aller Teilmengen von Ω ⇨ vgl. S. 63
∂A	Rand der Menge A ⇨ vgl. S. 24
$\mathbb{Q}$	Menge der rationalen Zahlen ⇨ vgl. S. 9
$Re(a, b)$	Rechteckverteilung, stetige Gleichverteilung ⇨ vgl. S. 74
$\mathbb{R}$	Menge der reellen Zahlen ⇨ vgl. S. 9
$A \setminus B$	relatives Komplement ⇨ vgl. S. 10
$Df(x, d)$	Richtungsableitung von f im Punkt x in Richtung d ⇨ vgl. S. 48
$\approx$	Runden einer Zahl auf eine bestimmte Anzahl von Nachkommastellen. Im Zusammenhang mit Grenzwerten bedeutet $x \approx x_0$, dass x im Sinne des Grenzwertes „beliebig nahe“ bei x_0 liegt.
$A \cap B$	Schnitt(menge) der Mengen A und B ⇨ vgl. S. 10
$\operatorname{sgn}(x)$	Signum der reellen Zahl x, gibt das Vorzeichen von x an bzw. 0, wenn $x = 0$. ⇨ vgl. S. 44
$\sin(x)$	Sinus der reellen Zahl x ⇨ vgl. S. 42
$\langle x, y \rangle$	Skalarprodukt der Vektoren x und y ⇨ vgl. S. 23
$\mathbb{R}^n$	Menge d. Spaltenvektoren über $\mathbb{R}$ ⇨ vgl. S. 12
$SEL(y\|x)$	Substitutionselastizität zwischen y und x ⇨ vgl. S. 49

$GRS(y\|x)$	Substitutionsgrenzrate zwischen y und x ⇨ vgl. S. 48
$\sum_{i=1}^{n} a_i$	Summe der Folgenglieder $a_1,\dots,a_n$ ⇨ vgl. S. 29
$\sum_{i\neq k} a_i$	Summe der Folgenglieder a_i mit Folgenindex ungleich k. Statt $i \neq k$ kann auch ein anderer logischer Ausdruck verwendet werden, z.B. $i \in \mathcal{M}$ mit $\mathcal{M} \subseteq \mathbb{N}$.
$\sup$	Supremum ⇨ vgl. S. 10
$A\Delta B$	symmetrische Differenz der Mengen A, B ⇨ vgl. S. 10
$t(n)$	(zentrale) t-Verteilung ⇨ vgl. S. 78
$\tan(x)$	Tangens der reellen Zahl x ⇨ vgl. S. 42
$\subseteq$, $\supseteq$	A ist Teilmenge von B bzw. $A \subseteq B$ (alternativ B ist Obermenge von A bzw. $B \supseteq A$) ⇨ vgl. S. 10
$\subset$, $\supset$	A ist echte Teilmenge von B bzw. $A \subset B$ (alternativ B ist echte Obermenge von A bzw. $B \supset A$) ⇨ vgl. S. 10
A^T	Transponierte der Matrix A ⇨ vgl. S. ??
∞	Unendlich
$\sum_{i=1}^{\infty} a_i$	unendliche Reihe der a_i ⇨ vgl. S. 31
$\leq$, $<$, $\geq$, $>$	Ungleichungsbeziehungen zwischen reellen Zahlen ⇨ vgl. S. 9
UVR	Untervektorraum ⇨ vgl. S. 22
$A \cup B$	Vereinigung(smenge) der Mengen A und B ⇨ vgl. S. 10
$f \circ g$	Verkettung der Funktionen f und g ⇨ vgl. S. 16
$\mathcal{L}(X)$	Verteilung der ZV X („Law") ⇨ vgl. S. 64
$X \sim P$	X hat Verteilung P ⇨ vgl. S. 64
$\Phi(x)$	Verteilungsfunktion der Standardnormalverteilung ⇨ vgl. S. 76
$P(A)$	Wahrscheinlichkeit des Ereignisses A, mit ZV X ist $P(X \in B) = P(X^{-1}(B))$ ⇨ vgl. S. 63
$Wei(\lambda, c)$	Weibull-Verteilung ⇨ vgl. S. 80
W_f	Wertebereich der Funktion f ⇨ vgl. S. 15
ZSF	Zeilenstufenform ⇨ vgl. S. 17
$\mathbb{R}_n$	Menge d. Zeilenvektoren über $\mathbb{R}$. Auch: geordnete n-Tupel ⇨ vgl. S. 12
ZUF	Zeilenumformung(en) ⇨ vgl. S. 17
ZA	Addition eines Vielfachen einer Zeile zu einer anderen Zeile ⇨ vgl. S. 17
ZM	Multiplikation einer Zeile mit einer Konstanten ungleich Null ⇨ vgl. S. 17
ZV	Zeilenvertauschung ⇨ vgl. S. 17
ZV	Zufallsvariable ⇨ vgl. S. 64

Das griechische Alphabet[1]

Kleinbuchstabe	Großbuchstabe	Aussprache
α	(A)	Alpha
β	(B)	Beta
γ	Γ	Gamma
δ	Δ	Delta
ϵ, ε	(E)	Epsilon
ζ	(Z)	Zeta
η	(H)	Eta
θ, ϑ	Θ	Theta
ι	(I)	Iota
κ	(K)	Kappa
λ	Λ	Lambda
μ	(M)	Mü
ν	(N)	Nü
ξ	Ξ	Xi
(o)	(O)	Omikron
π	Π	Pi
ρ, ϱ	P	Rho
σ	Σ	Sigma
τ	(T)	Tau
υ	Υ	Ypsilon
ϕ, φ	Φ	Phi
χ	(X)	Chi
ψ	Ψ	Psi
ω	Ω	Omega

[1]Einige Buchstaben entsprechen der lateinischen Schreibweise (teilweise auch anderer Buchstaben) und werden daher in Formeln nicht verwendet, was durch Klammerung gekennzeichnet wird.

Index